复杂敏感环境下明挖隧道设计与施工技术
——基于南昌市沿江中北大道连通工程

编著 蔡建中 章 勇 耿大新

西南交通大学出版社
·成都·

图书在版编目（CIP）数据

复杂敏感环境下明挖隧道设计与施工技术：基于南昌市沿江中北大道连通工程 / 蔡建中，章勇，耿大新编著. —成都：西南交通大学出版社，2013.9
ISBN 978-7-5643-2465-0

Ⅰ. ①复… Ⅱ. ①蔡… ②章… ③耿… Ⅲ. ①隧道工程–设计②隧道施工–明挖法施工 Ⅳ. ①U45

中国版本图书馆 CIP 数据核字（2013）第 217030 号

复杂敏感环境下明挖隧道设计与施工技术
—— 基于南昌市沿江中北大道连通工程
编著　蔡建中　章　勇　耿大新

责 任 编 辑	杨　勇
助 理 编 辑	姜锡伟
封 面 设 计	原谋书装
出 版 发 行	西南交通大学出版社
	（四川省成都市金牛区交大路 146 号）
发行部电话	028-87600564　028-87600533
邮 政 编 码	610031
网　　　　址	http://press.swjtu.edu.cn
印　　　　刷	成都蓉军广告印务有限责任公司
成 品 尺 寸	185 mm × 260 mm
印　　　　张	10.75
字　　　　数	256 千字
版　　　　次	2013 年 9 月第 1 版
印　　　　次	2013 年 9 月第 1 次
书　　　　号	ISBN 978-7-5643-2465-0
定　　　　价	40.00 元

图书如有印装质量问题　本社负责退换
版权所有　盗版必究　举报电话：028-87600562

复杂敏感环境下明挖隧道设计与施工技术
——基于南昌市沿江中北大道连通工程

编著委员会

主 任 委 员：熊一江
副主任委员：万义辉　黎友才
主　　　编：蔡建中　章　勇　耿大新
副　主　编：方　焘　周诚华　欧阳锦　刘　卫
　　　　　　黄永春　黄小彬
委　　　员：（按字母顺序）
　　　　　　安　航　柏　栋　陈　杰　陈　希　邓国良
　　　　　　高小明　高洋平　葛威敏　龚建斌　胡　昊
　　　　　　胡红波　黄　伟　纪孝团　江俊林　李达宏
　　　　　　李九福　梁怀柱　廖冬生　刘顺保　马瑞伟
　　　　　　闵　杰　彭正胜　万　超　万德珍　万慧荣
　　　　　　汪明飞　王　冰　王海龙　王　弘　魏　佳
　　　　　　吴　斌　肖　俊　肖兰耀　肖迎春　徐秋海
　　　　　　杨　斌　宰祥玉　张　真　赵民伟　周　春
　　　　　　邹继强
办公室主任：闵　杰（兼）

序

  目前,地下空间的开发利用已经成为各大城市发展的重点,诸如各类地下铁道、地下商场、地下市政设施、地下仓库等,其中很多工程采用明挖基坑施作。基坑工程既涉及土力学典型的强度与稳定问题,又包含了变形问题,同时还涉及土与支护结构的共同作用,是一门实践性很强的学科。由于各地工程地质及水文地质条件的差异、基坑形式的多种多样,且周围环境相去甚远,基坑工程的安全施作一直是业界的一项难题。

  南昌,又名豫章、洪城,为江西省省会,既是国家历史文化名城,又是革命英雄城市,具有深厚的城市文化底蕴和众多的历史古迹。近年来,南昌经济高速发展,城市基础设施得到迅速改善,在建设过程中积累了丰富的经验。南昌市沿江中北大道连通工程滕王阁隧道采用明挖施工,基坑最宽处近 40 m,沿线管线密集,工程周围接近建筑群,且邻近著名的滕王阁景区,基坑边缘与滕王阁主楼的台阶相接。基坑周围土体以杂填土为主,地质条件复杂,濒赣江、抚河,地表及地下水丰富,环境保护要求高,施工难度大,目前工程已经顺利完工。本书由建设单位一线管理人员及高校青年教师联合编著,详细介绍了南昌市中北大道连通工程的规划、设计与施工技术,并针对工程地下水控制及周边建筑物保护进行了专题研究。该书理论联系实际,对后续类似工程(如南昌地铁等)的施工有较高的指导和借鉴价值,希望本书的出版能为岩土工程技术及有关专业人员提供有益的参考。

中国工程院院士 周丰峻

前 言

目前，随着城市人口的大量增加，城市中有限的地面空间变得越发紧缺，所以人们只能向空中和地下谋求更多的空间。而地下空间的开发多伴随着大量明挖基坑的出现，势必影响周围的环境。稍有不慎，就有可能引发对人民的生命和财产安全造成重大损害的事故，给政府及社会带来巨大的影响，并造成极大的经济损失。

南昌，江西省省会，鄱阳湖生态经济区核心城市，是最具发展潜力的城市之一。由于路网密度、路网结构等原因，市区存在多条"断头路"，加之近年私家车保有量与日俱增，造成了市区交通拥堵严重，同时也制约了全市的经济发展。2010年6月，为顺利举办"七城会"，全面改造老城区的环境，南昌市打通"断头路"工程全面展开，其中，沿江北、中大道连通工程为重中之重。该工程于2010年11月份正式开工，工程核心部分为滕王阁隧道。隧道呈长条形沿抚河路、沿江北大道布置，最宽处四线并排，明挖基坑开挖宽度近40 m。隧道段附近各类管线密集复杂，道路两侧多为商业店铺、住宅楼、办公楼等，特别是全国知名的景点滕王阁，其主楼为桩基础，而楼前台阶为浅基础，两类基础对不均匀沉降的敏感性差异较大；同时，基坑周围土体以杂填土为主，土层密实度差、结构松散、孔隙度大、透水性强；工程濒临赣江、抚河，地表及地下水丰富，在地下水渗流作用下，易出现潜蚀现象，继而引发管涌，严重影响基坑的施工安全及周围建构筑物的稳定。工程施工仅314天，是南昌迄今为止历时最短、单体最大的市政工程项目。经过参建各方的努力，2011年9月9日，工程顺利竣工。

本书结合滕王阁隧道工程施工案例，系统地介绍了濒江复杂敏感环境下明挖隧道的设计和施工技术，并就杂填土基坑渗流特性、基坑开挖对邻近建构筑物的影响展开了专题研究。全书共分上中下三篇，阐述条理清晰、资料翔实，为类似工程施工提供了参考依据，特别是对南昌地铁的建设有切实的参考价值。

本书由南昌市政公用集团项目建设分公司牵头编著，其中上篇主要由蔡建中、欧阳锦、刘卫、黄永春、黄小彬等人编著，中篇主要由方焘、纪孝团、章勇等人编著，下篇主要由耿大新、安航、周诚华等人编著，全书由熊一江、万义辉、黎友才等人修改成稿。本书在编著过程中，得到了有关建设管理、施工、设计、监理、科研院校等单位的专家、学者及工程技术人员的大力支持和帮助，在此一并表示感谢！同时衷心感谢周丰峻院士在百忙之中为本书作序！

由于作者水平有限，书中难免会存在一些不足之处，敬请读者批评指正。

作 者

2013年6月

目 录

上篇 明挖隧道设计与施工技术

第1章 项目前期策划 ... 3
1.1 项目概述 ... 3
1.2 工程建设条件 ... 4
1.3 交通分析及发展预测 ... 6
1.4 工程建设规模与标准 ... 13
1.5 总体方案 ... 16

第2章 复杂地质条件下明挖隧道设计技术 ... 17
2.1 工程地质及水文地质条件 ... 17
2.2 主体结构设计 ... 20
2.3 围护结构设计 ... 29
2.4 结构防水设计 ... 35

第3章 濒江复杂地质条件下明挖隧道施工技术 ... 39
3.1 濒江复杂地质条件下工程风险分析 ... 39
3.2 施工总体方案 ... 39
3.3 杂填土围护桩施工技术 ... 40
3.4 濒江高压旋喷止水帷幕施工技术 ... 51
3.5 降水施工方案 ... 53
3.6 土方开挖及支撑施工方案 ... 55
3.7 箱涵及U形槽结构施工方案 ... 58
3.8 回填施工技术 ... 60
3.9 施工监测 ... 65

中篇 专题研究之濒江杂填土基坑渗流与变形特性

第4章 地下水对基坑工程的影响研究概述 ... 75
4.1 引言 ... 75

4.2 基坑工程中地下水问题的研究现状 ... 75
   4.3 考虑工程降水及地下水渗流对基坑工程影响的研究现状 ... 77
   4.4 专题的主要研究工作 ... 79

第5章 濒江杂填土地区基坑地下水试验研究 ... 80
   5.1 引　言 ... 80
   5.2 室内渗流特性试验 ... 80
   5.3 现场渗流特性试验 ... 85
   5.4 三区试验段降水工程 ... 92

第6章 濒江杂填土条件下基坑渗流场模拟分析 ... 97
   6.1 引　言 ... 97
   6.2 二维渗流有限元计算原理 ... 97
   6.3 濒江杂填土条件下基坑渗流有限元分析 ... 103

第7章 杂填土基坑渗流变形特性 ... 112

下篇　专题研究之基坑开挖对邻近不同基础类型建筑物的影响

第8章 基坑施工对邻近建筑影响研究概述 ... 115
   8.1 引　言 ... 115
   8.2 基坑工程概述 ... 116
   8.3 国内外研究现状 ... 116
   8.4 专题的主要研究工作 ... 118

第9章 基坑变形及破坏形式 ... 119
   9.1 引　言 ... 119
   9.2 基坑的变形 ... 119
   9.3 基坑的破坏 ... 121

第10章 基坑开挖对邻近不同基础类型建筑物影响的摸拟分析 ... 123
   10.1 引　言 ... 123
   10.2 工程概况 ... 123
   10.3 数值模型 ... 125
   10.4 控制变形允许值 ... 129
   10.5 邻近桩基础结构隧道区段基坑开挖有限元模拟分析 ... 131
   10.6 邻近浅桩基础结构隧道区段基坑开挖有限元模拟分析 ... 134
   10.7 邻近滕王阁隧道区段基坑有限元模拟分析 ... 138

第 11 章 数值模拟与工程实测结果对比分析 ·· 143
　11.1 引　言 ·· 143
　11.2 邻近桩基础结构隧道区段基坑变形特性 ·· 143
　11.3 邻近浅基础结构隧道区段基坑变形特性 ·· 146
　11.4 邻近滕王阁隧道区段基坑变形特性 ··· 149

第 12 章 基坑对邻近建筑物的影响 ··· 154

参考文献 ·· 155

上篇　明挖隧道设计与施工技术

第 1 章 项目前期策划

1.1 项目概述

南昌市地处赣江尾闾、鄱阳湖之滨，是江西省省会，全省政治、经济、文教、科技信息中心，全国历史文化名城。

"十一五"时期是江西在中部地区加速崛起、全面建设小康社会的重要时期。南昌市作为江西省省会，理应率先崛起。随着改革开放的深入及国家经济发展战略的调整，长江经济带开放开发与沿海发展有了同等重要的地位，这为南昌市的经济社会发展创造了良好的外部环境，南昌正在为建设成为区域经济中心城市的战略而努力。

进入"十一五"，南昌市工业化、城镇化进程继续加速，城市稳定地朝"现代化制造业重要基地和区域商贸、物流、职教中心"的目标发展，三大产业中工业比重将进一步加大。

南昌市主城区规划总体结构采用"一江两岸，双城八片，轴环串联，分级多中心，依山傍水"的城市布局形态，如图 1.1 所示。

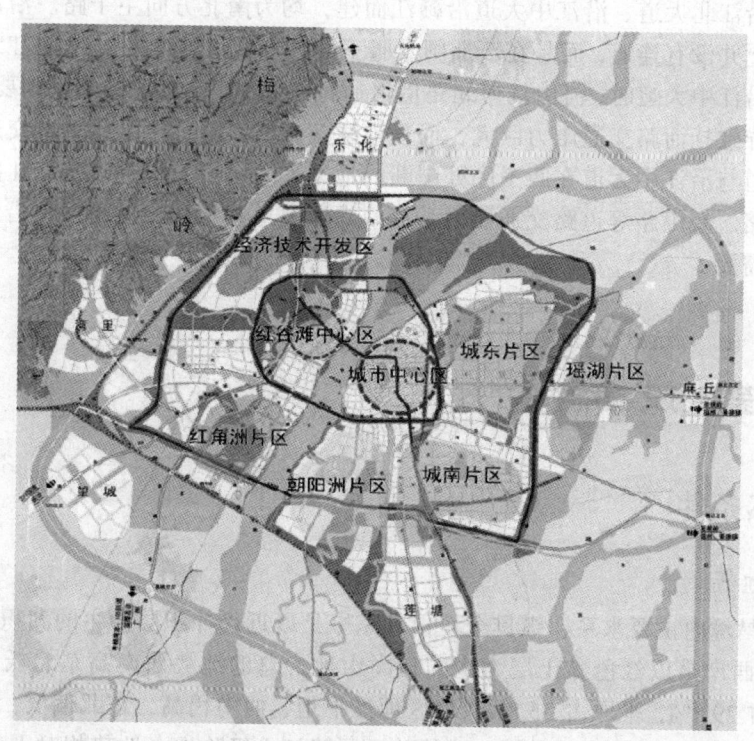

图 1.1 南昌市城区结构布置图

一江两岸：以赣江为界，形成昌南、昌北两个相对独立的城区。

双城八片：昌南五个片区，即旧城中心区、城东片区、瑶湖片区、城南片区、朝阳片区；昌北三个片区，即红谷滩中心区、红角洲片区、经济技术开发区。

轴环串联：由井冈山大道、八一大道、阳明路、新八一大桥、庐山南大道组成主干交通和景观轴线串接昌南、昌北两城，由城市一环、二环组成快速环路系统连接昌南、昌北双城八片区。

分多级中心：旧城中心区和红谷滩中心区各设一个市级公共活动中心，城东片区、瑶湖片区、城南片区、朝阳片区、红角洲片区、经济技术开发区六片区各设一个城市副活动区，形成相对均衡和完善的片区服务体系。

依山傍水：南昌市主城区河湖水系发达，昌北地势起伏，倚山就势，自然山水有机融合。

城区道路按照"102030"目标，形成以"三环十一射"为城市交通骨架、以主干道方格路网为联系的"蛛形"网状结构。

"102030"目标：10分钟上快速路，20分钟上高速路，30分钟到达周边地区。

三环：由洪都大道、解放路、洪城路、南昌大桥、麦庐大道、洪都大桥组成一环线；由昌东大道、昌南大道、生米大桥、西外环路、北外环路组成二环线；由绕城高速组成三环线。

十一射：北京路、解放路、昌南大道、南莲路、迎宾大道、桃花路、昌九南大道、长征路、昌湾大道、昌九北大道、机场路。

城市道路交通是由密集的道路构成的网络交通。由于历史原因，南昌市中心城道路很多没有贯通，形成"瓶颈"或"断头"，使道路交通网上平稳的交通流会发生堵塞或间断的现象。这样会影响到道路运输系统的相对效率，随着交通的迅猛发展，亟待打通路网。

南昌市的沿江北大道、沿江中大道沿赣江而建，均为南北方向主干路。沿江北大道、沿江中大道实际上并没有连通，而是在新洲闸及滕王阁处形成"断头路"。从沿江北大道往南的机动车要进入沿江中大道时，需由抚河北路借道通行。而沿江中大道的车辆则要借道中山桥、抚河路转换，导致抚河路交通压力巨大，而且沿线多个路口降低了沿江大道交通的连续性。

沿江北大道与沿江中大道在滕王阁处中断的地方连通，可直接分流抚河北路交通流量，进而缓解中山路、叠山路等道路交通压力，可使沿江大道系统化，进而保证沿江大道交通连续及快速通行需要。

1.2 工程建设条件

1.2.1 自然条件

1. 地形地貌

赣江为南昌境内主要水系，纵贯全境，其东岸是以近代冲积层为主的湖积冲积平原，城区坐落于此，西岸是以红色黏土层为主的丘岗山地，总的地势西南高东北低。全市山丘占34.4%，水面占29.8%，平原占35.8%，城区地形平坦，西南稍高，东北偏低，地面平均纵坡1%~3%。工程场地属赣抚冲积平原，地貌单元属赣江Ⅰ级阶地，地势相对平坦。

2．河湖水系

赣江：南昌市受丘陵地貌和湿润气候特征影响，市内河湖水系较为发达。赣江纵贯江西省汇入鄱阳湖，全长 827 km，总流域面积 8.3 万平方千米，从锦江口起经南昌新建两县流入城区，流经南昌境内的长 119 km，在八一桥以下分为三支：北支、中支、南支。北支经吴城汇入鄱阳湖，是我省通长江的主要航道；南支往北流入鄱阳湖，是通往景德镇的经济航线。

抚河：南昌市城区处于抚河尾闾，原支流故道在城区西部朝阳洲尾汇入赣江，1958 年水利工程将其改道，往市郊东南隅由青岚湖汇入鄱阳湖。

锦江：为赣江的一条支流，全长 260 km，在新建县南部边境汇入赣江，境内长 52 km。

南昌市湖泊众多、水系发达，在昌南城区有象湖、东湖、西湖、南湖、北湖、梅湖、青山湖、艾溪湖，昌北城还有碟子湖、黄家湖、礼步湖等。

全市江河湖泊水域辽阔，形成了得天独厚的河湖环绕、"秋水共长天一色"的绮丽风光，具有优越的水资源。

3．气象条件

南昌属亚热带湿润气候，温暖湿润，四季分明，温差较大，夏季酷热，冬季寒冷。春季雨量较多，秋季气候、景色十分宜人；平均气温 15.8 ℃；气温最低的是一月，平均 4.9 ℃，最低气温 –9.9 ℃；最热的是七月，平均 29.7 ℃，最高气温 43.2 ℃。

南昌雨量充沛，多年平均降雨量 1 645 mm。4 至 6 月为雨季，约占全年总降雨量的 52%。全年平均无霜期 277 天，降雪较少。南昌市城市常年主导风向是北风和北东风，多发生于冬季；夏季七、八月份多西南风，偶有台风侵袭。

1.2.2　现状评价

1．工程现状

工程所经地段大部分为道路、公共绿地及民房，工程两侧高楼林立，重要建筑有省博物馆、新东方酒店、滕王阁、凯莱大酒店、长天港酒店、南昌港等。地面标高一般为 18.5 ~ 19.6 m，局部较高处为现有滨江路，路面标高约 24.3 m，工程拆迁面积较大。

2．相关道路现状

与工程相关的道路有滨江路（即沿江中大道）、滨江北路（即沿江北大道）、抚河路、中山西路、中山路、民德路、叠山路等。

3．防洪现状及排水情况

工程所在区域属于南昌市昌南城区。南昌市昌南城已经由赣江右岸的防洪堤（墙）、城区南面的朝阳洲堤和胡惠元堤以及城区东面尤口至罗家集一线的自然高地形成了独立、完整的防洪封闭圈，防护工程均按防御赣江 100 年一遇洪水设计与施工，能满足百年一遇的防洪标准。

除滨江路靠江侧路面的雨水通过雨水井收集后排入赣江外，左侧采用路基边坡自然排放，道路未埋污水管。以抚河故道为界，西岸属朝阳洲片区部分为雨污分流体制，中山西路和新洲

5

路均设雨、污水管道各一根；东岸为老城区，是雨污合流体制，民德路、瓷器街、叠山路等均设合流排水管一根排入抚河北路。截污管排水流向由北往南，最终排入朝阳洲污水处理厂。朝阳洲污水处理厂位于桃苑大街328号，占地面积4 200 m²，是江西省第一座现代化污水处理厂。该厂为钢筋抗渗混凝土结构，建设规模为日处理污水量8万吨，1999年6月开工，2000年8月竣工，采用回转式氧化沟污水处理工艺，尾水排水达国家污水综合一级标准。

4. 材料供应情况

工程距赣江较近，赣江有大量的河砂、砾石材料，昌北主要为丘陵和山地，梅岭山麓下可提供符合设计要求的碎石材料。南昌市水泥工业较发达，大中型水泥厂较多，质量良好，可以随时供应各种等级的普通硅酸盐水泥。施工用水泥、钢材等建筑材料可以就近购置，路用沥青需外购。

5. 运输条件

工程大部分路段处于城区，施工中外购材料可由邻近道路运入工地，但必须服从交警部门的城市交通管制要求。由于工地大部分路段处于城区，施工用电、用水可就近引入。

6. 拆迁条件

由于工程地处老城区，工程建设需拆除建筑房屋，拆除量较大。

1.3 交通分析及发展预测

1.3.1 评价范围

"十一五"末期，城市建成区面积扩大到230 km²，使大都市框架全面拉开，形成"一江两岸"的城市格局。截至2008年年底，南昌市域总人口达494.73万人，1985年至2008年23年间人口综合增长实际在17.52‰左右。预测到2020年人口总数可达600万。

自2000年以来，全市和市区的机动车保持强劲增长，尤其以小客车的发展最为迅猛。全市机动车保有量由2000年的16万辆增长到2008年的39.5万辆，增长幅度达147%。目前，南昌市人均GDP已进入3 000～5 000美元，鉴于国外城市经验，此时南昌市机动车增长进入一个高峰阶段。同时，城市公交也将进入长期快速的发展阶段；相关预测显示，2010年公交出行总量将达到155万人次/日，2020年约为333万人次/日，分别约为2005年的1.7倍和3.6倍。

交通预测实际上就是对交通需求进行分析，交通需求又与交通供给水平是密不可分的。一方面，交通需求是一种客观存在的意愿，决定了交通供给的水平；另一方面，不同的供给水平又反作用于交通需求，影响需求变化，两者互相作用从而达到一种平衡，交通预测正是在这种供需的平衡中找出需求的最合理特征。所以，为了便于对未来的交通进行预测，首先需确定一个基本的供给路网，作为交通分配的基础。

区域内道路网络系统在调整和优化评价范围内的道路网结构见图1.2。

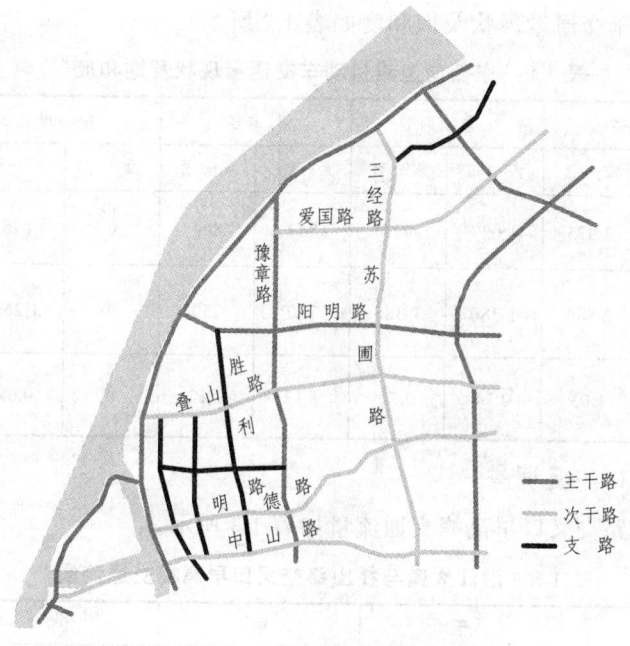

图 1.2　道路网结构示意图

　　研究范围内道路网络规划情况为：沿江中、北大道，红线宽度 43～47 m，规划为城市主干路，一块板形式，双向 4 车道，车辆运行速度可达 50 km/h。抚河北路：红线宽度 36 m，规划为城市主干路，一块板形式，双向 6 车道，车辆运行速度可达 50 km/h。阳明路：红线宽度 50 m，规划为城市主干路，一块板形式，双向 8 车道，车辆运行速度可达 50 km/h。叠山路：红线宽度 30 m，规划为城市次干路，一块板形式，双向 4 车道，车辆运行速度可达 50 km/h。民德路：红线宽度 20 m，规划为城市次干路，一块板形式，双向 2 车道，车辆运行速度可达 30 km/h。中山路：红线宽度 22 m，由东向西单行，规划为城市次干路，一块板形式，2 车道，车辆运行速度可达 30 km/h。象山路：红线宽度 30 m，规划为城市次干路，一块板形式，双向 4 车道，车辆运行速度可达 40 km/h。

1.3.2　交通调查

1. 路段流量调查

南北向道路机动车交通量现状及饱和度如表 1.1 所示。

表 1.1　南北向道路机动车交通量现状及饱和度

道路	沿江大道		榕门路		象山北路		象山南路		苏圃路		抚河路		八一大道	
方向	北—南	南—北	北—南	南—北	北—南	南—北	北—南	南—北	北—南	南—北	北—南	南—北	北—南	南—北
交通量 (pcu/h)	1 132	1 388	0	973	1 076	951	651	589	589	543	2 040	2 112	3 029	2 561
现状设计 通行能力 (pcu/h)	1 900	1 900	0	1 380	1 420	1 420	700	700	700	700	2 400	2 400	2 920	2 920
饱和度	0.60	0.73	0	0.71	0.76	0.70	0.93	0.74	0.84	0.78	0.85	0.88	1.03	0.88

东西向道路机动车交通量现状及饱和度如表1.2所示。

表1.2 东西向道路机动车交通量现状及饱和度

道路	阳明路		叠山路		明德路		中山路		中山西路	
方向	西—东	东—西	西—东	东—西	西—东	东—西	西—东	东—西	西—东	东—西
交通量（pcu/h）	2 804	2 975	1 027	973	842	804	0	875	1 012	1 046
现状设计通行能力（pcu/h）	2 880	2 880	1 380	1 380	750	750	0	1 260	1 520	1 520
饱和度	0.97	1.03	0.74	0.71	1.12	1.12	0	0.69	0.67	0.69

2. 主要交叉路口流量调查

沿江大道与叠山路交叉口早高峰交通流量如表1.3所示。

表1.3 沿江大道与叠山路交叉口早高峰交通流量

方向		东	南	北	合计
进口	直行	0	876	815	3 473
	左转	467	0	317	
	右转	506	512	0	
	合计	973	1 368	1 132	
出口		829	1 282	1 362	3 473

中山路与抚河路交叉口早高峰交通流量如表1.4所示。

表1.4 中山路与抚河路交叉口早高峰交通流量

方向		东	南	西	北	合计
进口	直行	245	1 168	0	1 077	4 357
	左转	296	0	636	0	
	右转	174	0	86	675	
	合计	715	1 168	722	1 752	
出口		0	1 459	920	1 978	4 357

阳明路与象山路交叉口早高峰交通流量如表1.5所示。

表1.5 阳明路与象山路交叉口早高峰交通流量

方向		东	南	西	北	合计
进口	直行	2 174	21	1 862	31	6 364
	左转	235	921	0	0	
	右转	45	534	354	187	
	合计	2 454	1 476	2 216	218	
出口		2 396	620	3 282	66	6 364

3. 区域内交通特点

区域内，尤其是沿江大道处，由于沿江大道未连通，其交通量中到达性交通量比例偏高，通过性交通量比例偏低。到达性交通以周边住户、周边商业及滕王阁、科技馆等场馆为终点居多，通过性交通以红谷滩至老城区、朝阳洲至老城区为主。

滕王阁、科技馆及博物馆等场馆由于种种因素，客流量较低；未来随着交通更为便捷、市民素质提高，上述场馆客流量有可能有较大程度的提高。综合上述因素，未来连通工程竣工通车后，估计到达性交通及通过性交通均有所增长，其中以通过性交通增长为主。

1.3.3 交通量预测

根据南昌市城乡规划局组织进行的《2005年居民出行等相关调查报告》调查数据，不同用地类型的高峰时间并不一致。以居住为起讫点的南昌城市居民出行时辰分布如图1.3所示。

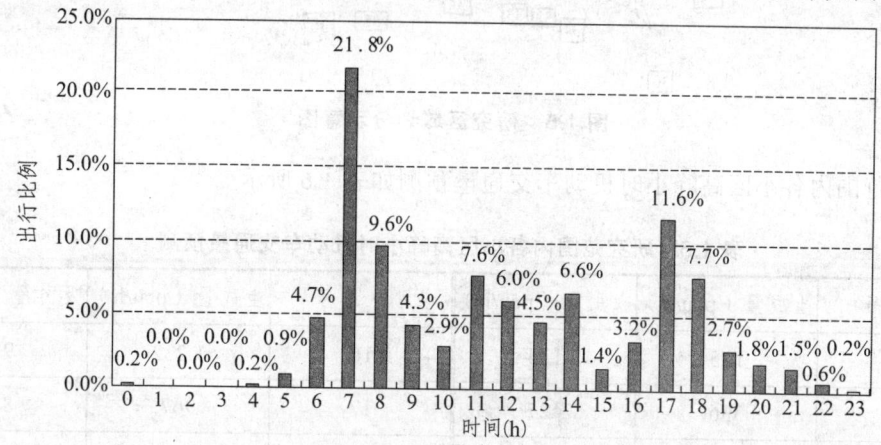

图1.3 南昌城市居民出行时辰分布柱状图

为反映近年来城市交通状况的发展趋势，《2008年南昌市交通发展年度报告》对中心城交通特征进行了补充调查。居民出行时间分布规律为：早高峰前后时段和晚高峰前后时段比例较大，出行比例分别占34.2%和26.8%，11:30到15:00时段存在一个出行小高峰，如图1.4所示。

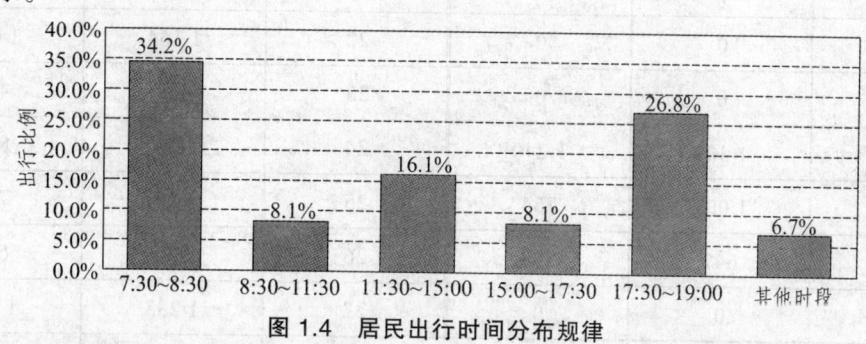

图1.4 居民出行时间分布规律

项目为研究方便，结合道路走向和地块的分布特点，将本次研究区域共分为45个交通小区，如图1.5所示。

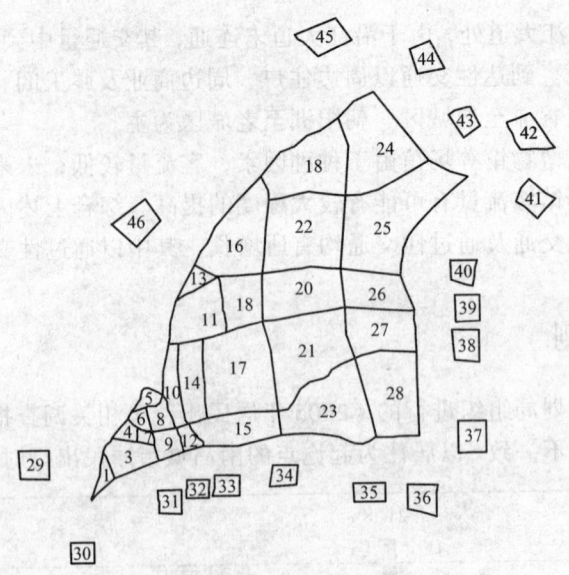

图 1.5 研究区域划分示意图

研究范围内各小区高峰小时机动车交通量预测如表 1.6 所示。

表 1.6 研究范围内各小区高峰小时机动车交通量预测

小区编号	生成量（pcu/h）	吸引量（pcu/h）	小区编号	生成量（pcu/h）	吸引量（pcu/h）
1	125	134	16	1 232	987
3	336	427	17	967	837
4	66	92	18	784	614
5	50	53	19	823	943
6	72	89	20	890	1 023
7	53	67	21	657	870
8	0	0	22	1 164	1 012
9	0	0	23	468	495
10	1 309	1 240	24	936	872
11	1 003	764	25	926	783
12	647	578	26	920	678
13	0	0	27	1 233	1 145
14	1 312	1 242	28	1 453	1 481
15	1 353	1 267			

外围虚拟小区高峰小时机动车交通量预测如表 1.7 所示。

表 1.7 外围虚拟小区高峰小时机动车交通量预测

小区编号	生成量（pcu/h）	吸引量（pcu/h）	小区编号	生成量（pcu/h）	吸引量（pcu/h）
29	0	0	38	824	893
30	729	833	39	1 450	1 340
31	435	520	40	1 952	1 933
32	1 633	1 521	41	1 033	996
33	533	426	42	1 421	1 310
34	1 401	1 328	43	427	593
35	702	721	44	936	1 720
36	2 680	2 977	45	2 140	2 154
37	1 537	724	46	2 915	2 931

1.3.4 交通预测结果

为准确反映南昌市沿江中、北大道连通工程交通量预测结果，如图 1.6 所示，选取项目南昌港段、叠山路以北段、叠山路以南段、滕王阁隧道段、新东方酒店跨线桥段及抚河北路、叠山路等重要道路共 11 个交通预测分析断面进行分析。

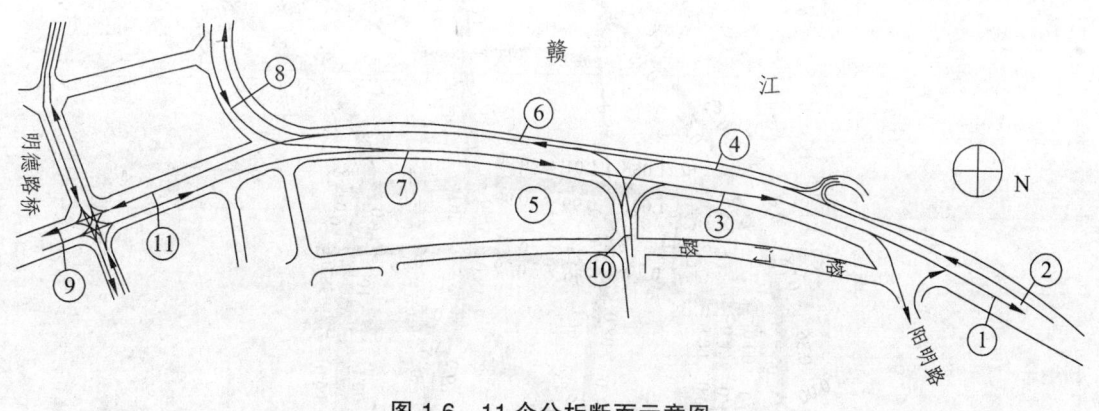

图 1.6 11 个分析断面示意图

根据现状机动车交通量调查数据，采用增长系数法预测项目建成年交通量。本次预测采用机动车交通量年增长 3% 的经验增长系数，在此基础上得到项目建成年高峰小时的交通流量及饱和度图，如图 1.7、图 1.8 所示。项目各断面高峰小时流量如表 1.8 所示。

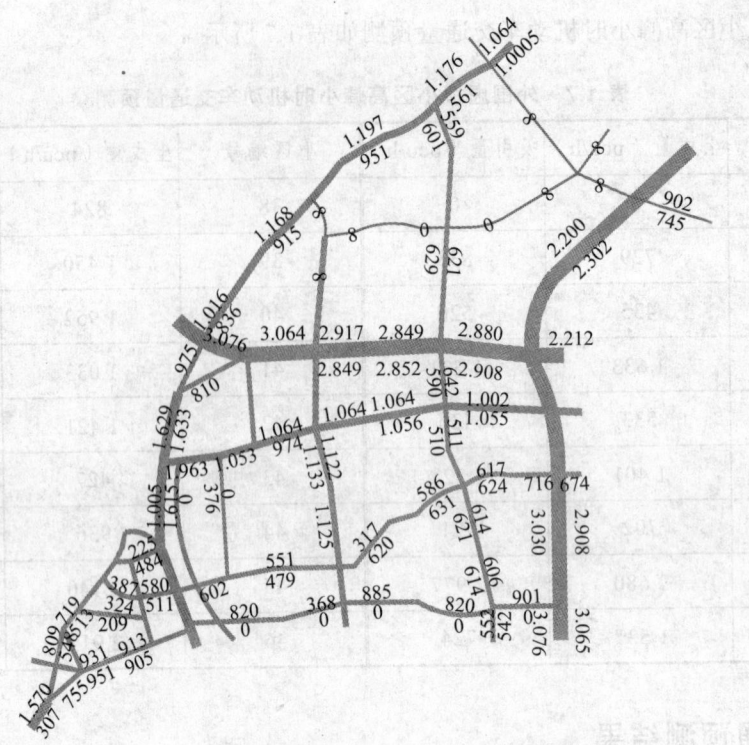

图 1.7 2011 年路网交通流量分配图（pcu/h）

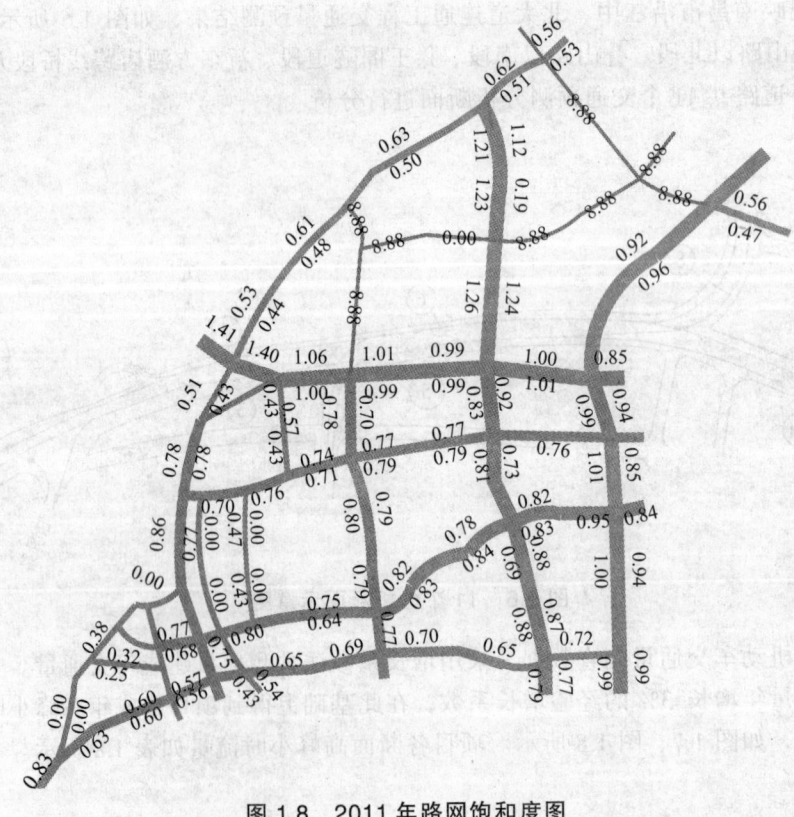

图 1.8 2011 年路网饱和度图

表 1.8　2011 年项目各断面高峰小时流量表

编　号		流量（pcu/h）	通行能力（pcu/h）	饱和度	服务水平
1	内侧地面	177	700	0.25	A
	外侧隧道	646	1 500	0.43	B
2	内侧地面	434	1 000	0.43	B
	外侧隧道	542	1 500	0.36	B
3	内侧地面	646	1 500	0.43	B
	外侧隧道	937	1 500	0.66	C
4	内侧地面	1 087	1 500	0.72	D
	外侧隧道	542	1 500	0.36	B
5	内侧地面	646	1 500	0.43	B
	外侧隧道	969	1 500	0.65	C
6	内侧地面	1 263	1 500	0.84	D
	外侧隧道	542	1 500	0.36	B
7	上行	1 615	3 000	0.54	B
	下行	1 805	3 000	0.60	C
8	上行	485	1 700	0.29	B
	下行	725	1 700	0.43	B
9	上行	1 615	2 400	0.68	C
	下行	1 691	2 400	0.71	D
10	上行	811	1 380	0.59	C
	下行	1 004	1 380	0.73	D
11	上行	1 688	2 400	0.70	D
	下行	1 702	2 400	0.71	D

从表 1.8 可以看出，工程建成投入运行后，除 4、6、9、10、11 号断面只达到 D 级服务水平外，其余断面均在 C 级服务水平以内，整体运行状况良好。

南昌市沿江中、北大道连通工程将沿江中、北大道连通，同时考虑与抚河北路、叠山路八一大桥等重要道路的衔接，符合城市相关规划。现周边交通环境较差，该项目的建成能快速联系沿江中、北大道，同时兼顾与周边重要道路主要交通流线方向的衔接，虽民德路、叠山路个别路口饱和度较高，但对周边道路运行状况能起到一定的缓解作用，特别是对抚河路的交通分流效应明显，对抚河路及沿线路口的交通起到了一定的改善作用。

1.4　工程建设规模与标准

1.4.1　道路建设规模

工程项目道路共三条，为沿江中、北大道连接线（以下简称连接线），抚河路，民德路西延伸线。

1．连接线

南起中山西路，向北出线，在江西省博物馆处向东偏转，跨越抚河，再向北偏转穿越滕王阁广场、叠山路、塘子河立交，北至八一桥南桥头立交，与现有沿江北大道相接。连接线道路为双向四车道，路线全长约 2 328 m。连接线地面层道路长约 1 153 m（其中跨抚河桥梁长约 94 m），道路宽 20 m。

连接线隧道部分按上、下行分别设置，东侧隧道总长 737 m，其中单向四车道隧道（长 137 m）总宽为 17.45 m，单向双车道隧道（长 600 m）总宽为 9.65 m；西侧隧道总长 798 m，均为单向双车道隧道，总宽为 9.65 m。隧道南、北两侧引道各长约 170 m，与隧道同宽。

2．抚河路

抚河路改造南起民德路，向北出线，穿越滕王阁广场，与叠山路平交，下穿塘子河高架桥，北至八一桥南桥头立交，与现有沿江北大道相接，路线走向与现有抚河路一致。

道路为双向四车道，路线全长约 1 557 m，宽 15~37.5 m，隧道按上、下行分别设置，东侧隧道长 137 m（与连接线东侧隧道并线，单向四车道），总宽为 17.45 m，西侧隧道长 301 m，隧道总宽为 9.65 m。隧道南、北两侧引道各长约 170 m，与隧道同宽。

3．民德路西延伸线

现有民德路向西延伸段，道路东起抚河路，西至连接线，全长约 522 m，道路宽 20~22 m，其中跨抚河桥梁长 145 m、宽 22 m。

1.4.2 主要技术标准

1．连接线

道路等级：城市主干道

设计速度：40 km/h

荷载标准：构筑物——公路Ⅰ级，人群——5 kN/m²

路面：BZZ-100

道路建筑界限：机动车道净空高度>5 m；

非机动车道及人行道净空高度>2.5 m

暴雨重现期：1 年

地震烈度：Ⅵ度

动峰加速度：0.05g

2．抚河路

道路等级：城市主干道

设计速度：40 km/h

荷载标准：构筑物——公路Ⅰ级，人群——5 kN/m²

路面：BZZ-100

道路建筑界限：机动车道净空高度>5 m；

非机动车道及人行道净空高度>2.5 m

暴雨重现期：1年

地震烈度：Ⅵ度

动峰加速度：0.05g

3. 民德路西延伸线

道路等级：城市次干道

设计速度：30 km/h

荷载标准：构筑物——公路Ⅱ级，人群——5 kN/m²

路面：BZZ-100

道路建筑界限：机动车道净空高度>4.5 m；

　　　　　　　非机动车道及人行道净空高度>2.5 m

暴雨重现期：1年

地震烈度：Ⅵ度

动峰加速度：0.05g

主干道（连接线、抚河路）道路线形标准见表1.9。

表1.9 主干道（连接线、抚河路）道路线形标准

项目	内容		单位	规范值	设计道路取用值	
					连接线	抚河路
设计车速	设计车速		km/h	30~60	40	40
平面线性	圆曲线	一般最小半径	m	150	95	500
		极限最小半径	m	70		
	不设超高的最小圆曲线半径		m	300		
	不设缓和曲线的最小圆曲线半径		m	500		
	不设加宽车道的最小圆曲线半径		m	250		
	圆曲线最小长度		m	35	87.860	75.902
	缓和曲线最小长度		m	35	37.357	—
	最大超高横坡度		%	2	2	—
	每车道加宽值		m	0.7	0.7	
纵断面线性	最大纵坡推荐值		%	5	4.5	4.255
	最小坡长		m	110	110	121.385
	最小纵坡		%	0.3	0.3	0.4
	凸形竖曲线	一般最小半径	m	400	2 250	1 189
		极限最小半径	m	600		
	凹形竖曲线	一般最小半径	m	450	1 300	1 109
		极限最小半径	m	700		
	竖曲线最小长度		m	35	60.024	66.441

民德路延伸线道路线形标准见表1.10。

表 1.10 民德路道路线形标准

项 目	内 容		单 位	规范值	取用值
设计车速	设计车速		km/h	20~40	30
平面线性	圆曲线	一般最小半径	m	85	150
		极限最小半径	m	40	
	不设超高的最小圆曲线半径		m	150	
	圆曲线最小长度		m	25	66.053
	平曲线最小长度		m	50	66.053
纵断面线性	非机动车最大纵坡推荐值		%	2.5	2.5
	最小坡长		m	85	126.654
	最小纵坡		%	0.3	0.3
	凸形竖曲线	一般最小半径	m	250	—
		极限最小半径	m	400	
	凹形竖曲线	一般最小半径	m	250	2 800
		极限最小半径	m	400	
	竖曲线最小长度		m	25	60.110

1.5 总体方案

工程主要目的为连通沿江中大道与沿江北大道,线路从滕王阁东侧通过。沿江中大道向东跨越抚河,再向北以隧道形式穿越滕王阁广场,并与现有抚河路并线,而后以隧道形式穿越叠山路口、塘子河立交,再连通沿江北大道。方案平面布置如图 1.9 所示。

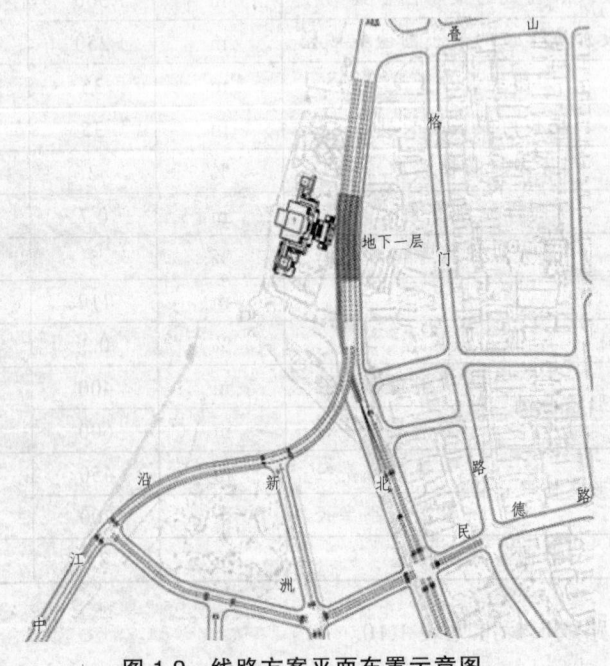

图 1.9 线路方案平面布置示意图

第2章 复杂地质条件下明挖隧道设计技术

明挖隧道设计包括主体结构设计、围护结构设计、结构防水设计、支护结构设计和附属工程设计。在设计之前要对施工地段的工程地质、水文地质条件进行精细分析。本章结合南昌地质条件进行分析，然后确定复杂地质条件下主体结构、围护结构、附属工程及防水设计的主要方法和技术要点。

2.1 工程地质及水文地质条件

2.1.1 工程地质条件

据钻探揭露，工程沿线岩土由人工填土(Q^{ml})、全更新统冲积层(Q_4^{al})及第三系新余(E_{1-2})组成。依各岩土层的成因、物质组成、颗粒组分不同可分为：杂填土、淤泥质粉质黏土、细砂、砾砂、强风化泥质黏砂岩、中风化泥质粉砂岩、微风化泥质粉砂岩、未风化泥质粉砂岩。各土层的岩性及分布如下：

1. 杂填土(Q^{ml})

杂色，稍湿；组分主要以黏性土及砂土为主，含碎石、碎砖块、碎混凝土块等建筑垃圾，结构松散，为新近期堆填；钻探揭露层厚 0.80~16.50 m，平均层厚 9.19 m；拟建工程沿线均有分布。

2. 淤泥质粉质黏土(Q_4^{al})

灰黑色，流塑为主，局部软塑、可塑状；粒组以黏粉粒为主，含云母碎片较多，含有机质，具腥臭味，干强度中等，结构疏松；实测标贯锤击数为 1~3 击；平均压缩系数为 0.51 MPa^{-1}，压缩模量平均值为 4.11 MPa，高压缩性；揭露层厚为 1.00~7.60 m，层顶埋深 0~16.50 m，层顶标高为 5.30~20.50 m；主要分布在抚河河底及抚河两岸岸边。

3. 细砂(Q_4^{al})

灰黄色，饱和；松散；实测标贯锤击数为 8~9 击；主要由中细砂颗粒组成，矿物成分以石英及云母为主，含少量的泥质；颗粒组分为：0.5~2.0 mm 的含量占 2.9%~4.2%，0.25~0.50 mm 的含量占 22.7%~25.5%，0.075~0.25 mm 的含量约占 67.4%~71.2%，粉黏粒含量约占 2.3%~3.2%；该层局部分布，揭露层厚为 0.50~7.10 m，层顶埋深 2.80~17.20 m，层顶标高为 5.20~

15.55 m，层顶面起伏相对较大。

4．砾砂（Q_4^{al}）

灰黄色，饱和，中密；圆锥动力触探修正击数为 17 击；砾石颗粒以 2～20 mm 为主，呈圆及次圆状，磨圆度好；矿物成分以石英、砂岩及硅质岩为主；颗粒组分为：2～5 mm 的占 39.0%～49.8%，0.5～2 mm 的占 16.1%～22.5%，0.25～0.5 mm 的占 12.0%～16.3%，0.075～0.25 mm 的占 19.2%～25.4%，粉粒占 0.4%～1.0%；该层局部分布，揭露厚度为 0.30～8.50 m，层顶埋深 3.60～17.10 m，层顶标高 4.24～12.93 m。

5．风化泥质粉砂岩

（1）强风化泥质粉砂岩（E_{1-2}）。

紫红色，岩芯以碎块状、薄饼状及短柱状为主；较破碎，风化强烈，节理及裂隙很发育；粉砂质结构，泥钙质胶结，岩质软，手折可断；岩体破碎，基本质量等级为Ⅴ级；揭露厚度为 0.30～1.00 m，层顶埋深 5.30～22.70 m，层顶标高 3.10～9.24 m。

（2）中风化泥质粉砂岩（E_{1-2}）。

紫红色，岩芯多呈短柱状；较完整，风化强烈，节理及裂隙发育；岩质软，锤击声哑，易碎；粉砂质结构，泥钙质胶结，局部夹有薄层青灰色钙质泥岩，岩质较硬；岩石单轴饱和抗压强度标准值 8.9 MPa，坚硬程度为软岩，软化系数 0.30，易软化；岩体较完整，基本质量等级为Ⅳ级；层厚 5.60～8.30 m，层底埋深 12.70～26.70 m，层底标高 -5.16～1.94 m。

（3）微风化泥质粉砂岩（E_{1-2}）。

紫红色，岩芯多呈短柱状及长柱状；完整，偶见风化节理及裂隙；岩质硬，锤击声脆，不易碎；粉砂质结构，泥钙质胶结，局部夹有薄层青灰色钙质泥岩，岩质较硬；岩石单轴饱和抗压强度标准值 11.4 MPa，坚硬程度为软岩，软化系数 0.33，易软化；岩体较完整，基本质量等级为Ⅳ级；层厚 6.20～11.10 m，层底埋深 20.10～34.40 m，层底标高 -13.54～-5.66 m。

（4）未风化泥质粉砂岩（E_{1-2}）。

紫红色，岩芯呈长柱状；完整，未见风化节理及裂隙；岩质硬，锤击声脆，不易碎，断面岩质新鲜；粉砂质结构，泥钙质胶结，局部夹有薄层青灰色钙质泥岩，岩质较硬；岩石单轴饱和抗压强度标准值 12.5 MPa，坚硬程度为软岩，软化系数 0.36，易软化；岩体较完整，基本质量等级为Ⅳ级；本次勘察未揭穿该层，钻探揭露深度内无洞穴、临空面。

2.1.2　水文地质条件

拟建场地地处赣江冲积平原区，地貌单元为赣江Ⅱ级阶地，大部分拟建场地东侧为多层建筑物，西侧毗邻赣江。赣江是江西省第一大河流，流经南昌市区注入鄱阳湖，全长 827 km，总流域面积 8.3 万平方千米，在八一桥下游分为北支、中支和南支三支。根据八一桥水文站观测资料，一般水位标高 14.50～17.50 m，有记录的最高水位为黄海高程 22.52 m（1982-06-20），历史最低水位为 12.77 m（2007-05-24）。

根据水文站长期观测资料推算，赣江主流百年一遇水位为 24.01 m，50 年一遇水位为 23.76 m。最大洪峰流量 21 200 m³/s（1982-06-20），最枯流量 172 为 m³/s，最大流速 2.53 为 m/s。

根据地下水含水空间介质、水动力特征及赋存条件，工程场地地下水类型可分为上层滞水、松散岩类孔隙水、碎屑岩类裂隙溶蚀水三种类型。

1. 上层滞水

上层滞水主要赋存于杂填土层之中，主要接受降雨入渗补给、抚河及城区下水管的渗漏补给。水位随气候变化大，无连续的水位面。勘察实测该层地下水水位埋深在 0.80~4.20 m，水位标高为 19.30~24.05 m。

2. 松散岩类孔隙水

第四系松散岩类孔隙水主要赋存于砂砾层中，淤泥质粉质黏土为含水层的隔水顶板，下伏基岩为相对隔水层底板。孔隙水具承压性，主要接受赣江的侧向补给，水位随季节变化：枯水及平水期地下水向赣江排泄，水位下降；丰水期受赣江地表水体的补给，地下水位上升，水位年变幅 3~5 m。含水层一般厚度为 4.00~7.00 m，富水性好，渗透性强。勘察期间实测稳定水位埋深 0.80~8.10 m，标高 17.80~18.13 m，承压水水头高度一般为 3.50~11.00 m，平均为 6.23 m。

3. 红色碎屑岩类裂隙溶蚀水

红色碎屑岩类裂隙水主要赋存于相对破碎的泥质粉砂岩中，该含水层富水性不均一，影响因素主要有风化网状裂隙与构造节理控制的发育程度。裂隙（节理）多呈闭合状，一般富水性较差。该层地下水通过基岩裂隙发育段与上部孔隙水存在一定的联系，具微承压性。据南昌地区经验，渗透系数一般在 0.26~0.45 m/d。依据本次勘察期间钻孔揭露情况分析，勘察场地总体为红色碎屑岩类裂隙贫水区。

2.1.3 场地稳定性及地震

区域场地地处萍乐凹陷带内，勘察深度内未见断裂迹象，无不良地质现象，场地稳定性好。依据《建筑工程抗震设防分类标准》（GB 50223—2008），拟建建筑工程抗震设防类别为丙类，拟建工程应按相关规定进行抗震设防。根据《中国地震动参数区划图》（GB18306—2001）及《建筑抗震设计规范》（GB 50011—2001），江西省南昌市抗震设防烈度为Ⅵ度，属设计地震分组第一组，可不考虑饱和砂土液化及软土震陷的影响，设计基本地震加速度值为 $0.05g$，设计特征周期为 0.35 s。勘察场地范围内四周平坦、开阔，综合判定本场地为可进行建设的一般地段。

2.2 主体结构设计

2.2.1 结构设计原则

（1）贯彻执行国家的技术经济政策，按技术标准要求，使结构设计安全可靠、技术先进、经济合理、施工方便。

（2）根据隧道所处位置的环境条件、工程与水文地质和道路状况，经技术、经济、工期、环境影响和使用效果综合比较选定适当的结构形式、埋置深度和施工方案。

（3）结构设计以地质勘察资料为依据，按工程不同地段的不同结构形式、施工方法、使用条件及荷载特性等选择合理的设计方法分段设计。

（4）结构净空尺寸的确定，要满足隧道建筑限界和其他使用、施工工艺的要求。

（5）考虑减少施工中和建成后对环境造成的不利影响，并考虑城市已有规划对工程的影响。

（6）结构的安全等级为一级，所有结构、构件按施工阶段和正常使用阶段可能出现的最不利荷载组合分别进行强度、刚度和稳定性计算，确保主体结构具有足够的耐久性，并满足施工、运营等要求。

（7）裂缝宽度允许值根据结构类型、使用要求、所处环境条件等因素确定。按荷载短期效应并考虑长期效应组合的影响，验算最大裂缝宽度小于 0.2 mm。

（8）结构按Ⅵ度抗震设防要求进行结构抗震承载能力、变形验算。

（9）结构抗浮按最高地下水位的全部水浮力设计，抗浮安全系数≥1.10（不考虑侧壁摩阻力）。

（10）对于隧道结构基底的软弱地基进行垂直承载力、地基变形和稳定性验算，并采取合理的措施进行地基加固。

（11）根据基坑不同工程段的安全度要求，分段采用合理的支护体系。支护结构的设计按施工阶段最不利的荷载组合进行强度、变形及稳定性计算。

2.2.2 荷 载

（1）永久荷载：

结构自重：$\gamma = 26$ kN/m³；

覆土荷载：$q = 18.5$ kN/m³；

侧向土压力。

侧向土压力采用朗金主动土压力公式计算。墙外水土压力：施工阶段黏性土采用水土合算，砂性土按水土分算，使用阶段采用水土分算。

（2）可变荷载：

车辆及设备荷载。

地面超载（施工阶段按 20 kPa 计；使用阶段滕王阁路段按 10 kPa 计，其余路段按 20 kPa 计）。

（3）偶然荷载：地震荷载。

2.2.3 施工线路

沿江中、北大道连通工程隧道段主要在沿江中、北大道连接线和抚河路两条道路中。沿江中、北大道连接线南起中山西路,向北出线,在江西省博物馆处向东偏转,跨越抚河,再向北偏转穿越滕王阁广场、叠山路、塘子河立交,北至八一桥南桥头立交,与现有沿江北大道相接,分 B1、B2 两条线;抚河路改造南起民德路,向北出线,穿越滕王阁广场,与叠山路平交,下穿塘子河高架桥,北至八一桥南桥头立交,与现有沿江北大道相接,路线走向与现有抚河路一致,分 A1、A2 两条线,其中 A2 线隧道与连接线东侧隧道并线,单向四车道。A1 线隧道长 301.016 m,里程为 A1K0+258.314~A1K0+559.330,结构沿纵向进行分段,共分成 8 段,最大分段长度为 43 m;B1 线隧道长 737.301 m,里程为 B1K1+320.922~B1K2+058.223,结构沿纵向进行分段,共分成 19 段,最大分段长度为 43 m,其中在里程 B1K1+320.922~B1K1+496.271 与 A2 线同向合并;B2 线隧道长 797.754 m,里程为 B2K1+313.131~B2K2+110.885,结构沿纵向进行分段,共分成 20 段,最大分段长度为 43 m,如图 2.1 所示。

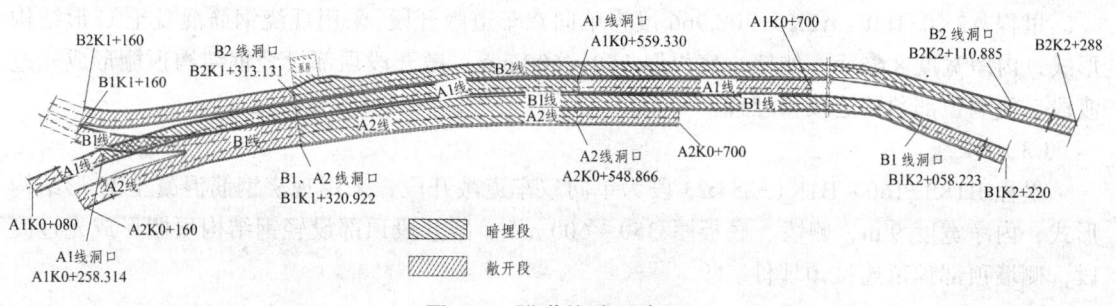

图 2.1 隧道线路示意图

2.2.4 结构形式的选择

隧道结构的形式、尺寸根据线路平面、纵剖面及建筑横断面的布置要求,通过结构强度计算和抗浮验算确定。

1. A1 线暗埋段

里程 A1K0+258.314~A1K0+559.330 段主箱涵为单向双车道暗埋段,采用现浇钢筋混凝土单孔矩形箱涵结构形式。结构净高 5.95 m,净宽 8.65 m,底板面标高+15.907 ~ +10.041 m,顶板厚 600 mm,侧墙厚 600 mm,底板厚 600 mm。

2. B1 线暗埋段

里程 B1K1+320.922~B1K1+496.271 段主箱涵为单向四车道暗埋段,采用现浇钢筋混凝土单孔矩形箱涵结构形式。结构净高 5.95 m,净宽 15.65~17.05 m,底板面标高+15.775 ~ +14.181 m,顶板厚 900 mm,侧墙厚 900 mm,底板厚 900 mm。

里程 B1K1+496.271~B1K2+058.223 段主箱涵为单向双车道暗埋段,采用现浇钢筋混凝土单孔矩形箱涵结构形式。结构净高 5.95 m,净宽 8.65 m,底板面标高+16.007 ~ +11.059 m,顶板厚 600 mm,侧墙厚 600 mm,底板厚 600 mm。在塘子河立交处覆土较大处,顶板、底板、侧墙局部加厚至 800 mm，其中设风机处结构净高局部抬高至 6.45 m。

3. B2 线暗埋段

里程 B2K1+313.131~B2K2+110.885 段主箱涵为单向双车道暗埋段，采用现浇钢筋混凝土单孔矩形箱涵结构形式。结构净高 5.95 m，净宽 8.65 m，底板面标高+16.087 m ~ +11.275 m，顶板厚 600 mm，侧墙厚 600 mm，底板厚 600 mm。在塘子河立交处覆土较大处，顶板、底板、侧墙局部加厚至 800 mm，其中设风机处结构净高局部抬高至 6.45 m。

4. 南端敞开段

（1）A1 线。

里程 A1K0+080 ~ A1K0+58.314 段为单向双车道敞开段，采用现浇钢筋混凝土 U 形结构形式，内净宽度 8.65 m，侧墙、底板厚 350 ~ 600 mm。敞开段顶部设轻钢结构顶棚形成光过渡段，侧墙顶部预留连接预埋件。

（2）A2 线。

里程 A2K0+160 ~ A2K0+308.966 段为单向双车道敞开段，采用现浇钢筋混凝土 U 形结构形式，内净宽度 8.65 m，侧墙、底板厚 350 ~ 600 mm。敞开段顶部设轻钢结构顶棚形成光过渡段，侧墙顶部预留连接预埋件。

（3）B1 线。

里程 B1K1+160 ~ B1K1+254.23 段为单向双车道敞开段，采用现浇钢筋混凝土 U 形结构形式，内净宽度 9 m，侧墙、底板厚 350 ~ 600 mm。敞开段顶部设轻钢结构顶棚形成光过渡段，侧墙顶部预留连接预埋件。

（4）B2 线。

里程 B2K1+160 ~ B2K1+313.131 段为单向双车道敞开段，采用现浇钢筋混凝土 U 形结构形式，内净宽度 9 m，侧墙、底板厚 350 ~ 600 mm。敞开段顶部设轻钢结构顶棚形成光过渡段，侧墙顶部预留连接预埋件。

（5）A2 线与 B1 线合并段。

里程 B1K1+254.23 ~ B1K1+320.922 段为单向四车道敞开段，采用现浇钢筋混凝土 U 形结构形式，内净宽度 15.65 ~ 18.5 m，侧墙、底板厚 350 ~ 1 000 mm。敞开段顶部设轻钢结构顶棚形成光过渡段，侧墙顶部预留连接预埋件。

5. 滕王阁至叠山路敞开段

（1）A1 线。

里程 A1K0+559.330 ~ A1K0+700 段为单向双车道敞开段，利用两侧 B1、B2 线的 U 形槽侧墙，新增钢筋混凝土底板，形成 U 形结构形式，内净宽度 9.85 m，底板厚 600 mm，底板上设 C20 素混凝土压重。敞开段顶部设轻钢结构顶棚形成光过渡段，侧墙顶部预留连接预埋件。

（2）A2 线。

里程 A2K0+548.866 ~ A2K0+700 段为单向双车道敞开段，利用西侧 B1 线的 U 形槽侧墙，新增钢筋混凝土底板和东侧侧墙，形成 U 形结构形式，内净宽度 8 m，侧墙、底板厚 350 ~ 600 mm，底板上设 C20 素混凝土压重。敞开段顶部设轻钢结构顶棚形成光过渡段，侧墙顶部预留连接预埋件。

6. 北端敞开段

（1）B1线。

里程 B1K2+058.223~B1K2+220 段为单向双车道敞开段，采用现浇钢筋混凝土 U 形结构形式，内净宽度 8.65 m，侧墙、底板厚 350~600 mm。敞开段顶部设轻钢结构顶棚形成光过渡段，侧墙顶部预留连接预埋件。

（2）B2线。

里程 B2K2+110.885~B2K2+288 段为单向双车道敞开段，采用现浇钢筋混凝土 U 形结构形式，内净宽度 8.65 m，侧墙、底板厚 350~600 mm。敞开段顶部设轻钢结构顶棚形成光过渡段，侧墙顶部预留连接预埋件。

2.2.5 结构内力计算

主体结构按平面问题沿纵向取单位长度，利用弹性梁杆系有限元方法进行箱形框架结构的受力分析，各构件截面按钢筋混凝土规范进行配筋，最大裂缝宽度不大于 0.2 mm。

1. 单孔净宽 8.65 m 标准段

按重力工况和浮力工况两种最不利荷载组合分别进行计算，计入地面超载或活载。图 2.2 所示为单孔净宽 8.65 m 标准段箱涵结构的计算简图，图 2.3~2.7 所示为最不利工况下箱涵内力包络图，箱涵尺寸为 $B \times H = 865 \text{ cm} \times 600 \text{ cm}$，上覆土厚度分别为 3.50 m、5.50 m。

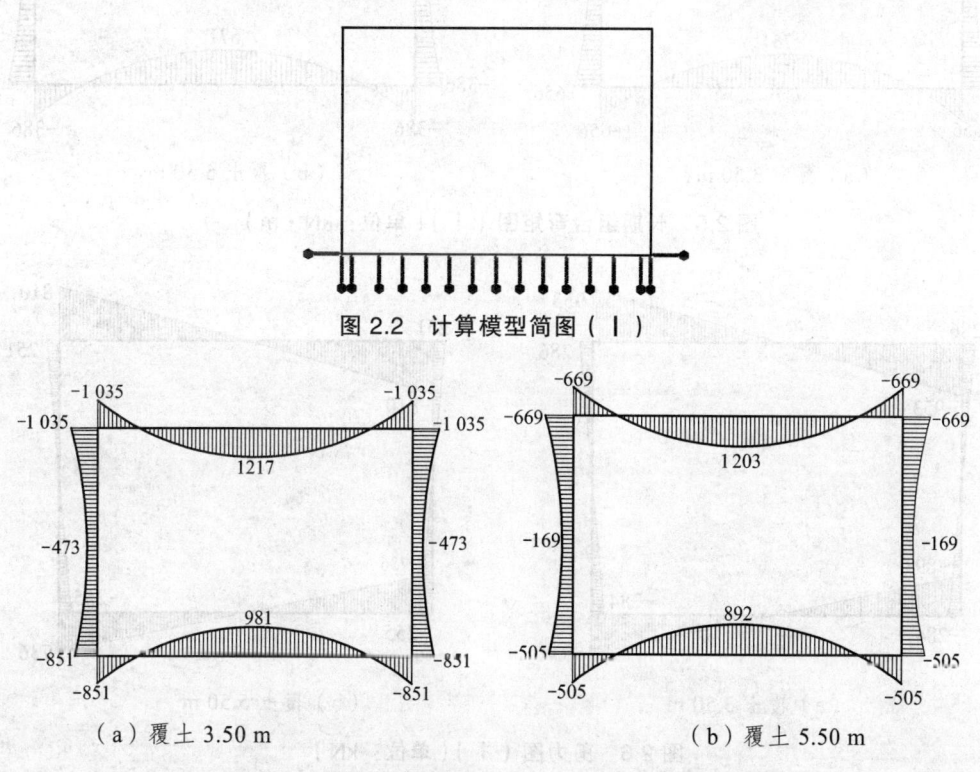

图 2.2 计算模型简图（Ⅰ）

(a) 覆土 3.50 m　　(b) 覆土 5.50 m

图 2.3 基本组合弯矩图（Ⅰ）（单位：kN·m）

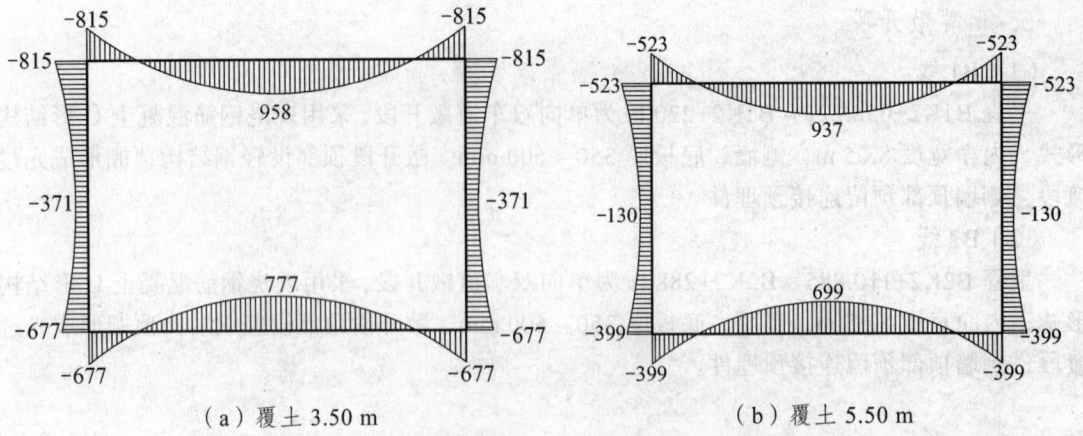

(a)覆土 3.50 m　　　　　　　　(b)覆土 5.50 m

图 2.4　短期组合弯矩图（Ⅰ）（单位：kN·m）

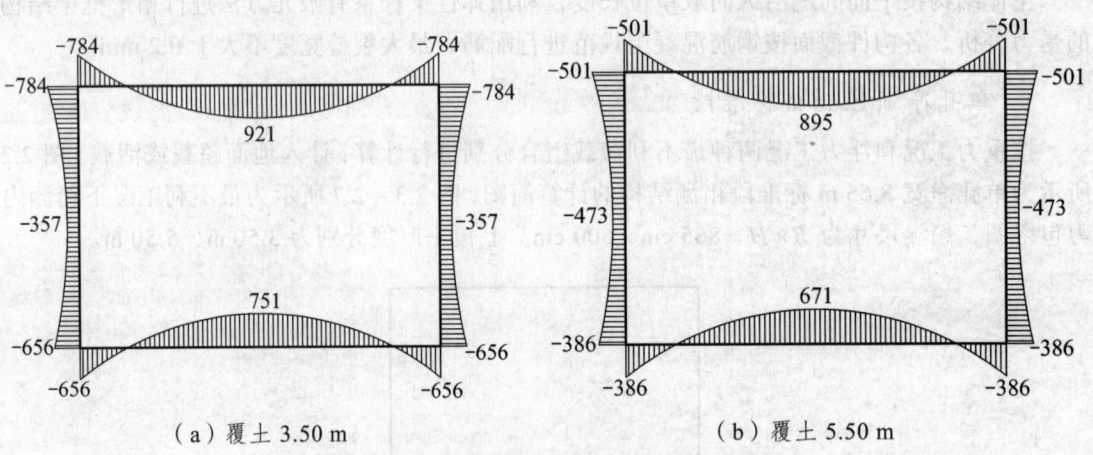

(a)覆土 3.50 m　　　　　　　　(b)覆土 5.50 m

图 2.5　长期组合弯矩图（Ⅰ）（单位：kN·m）

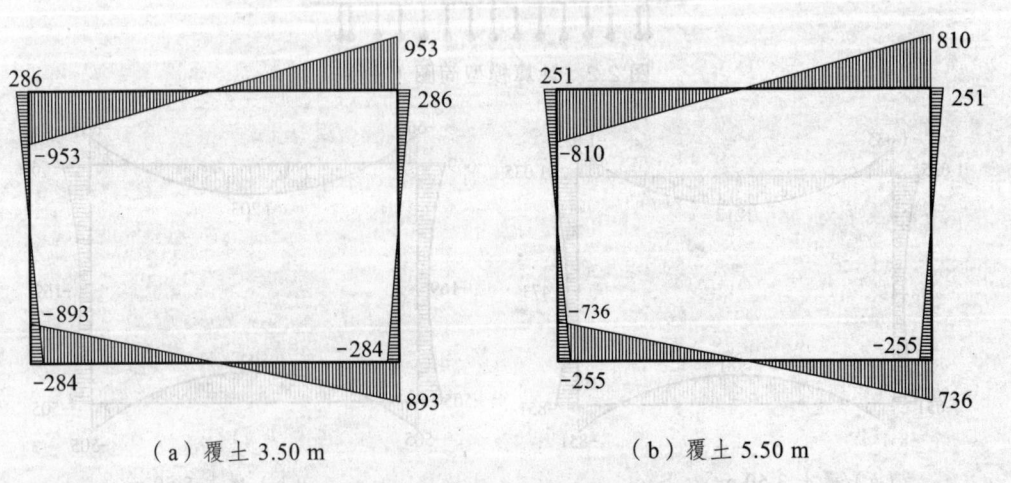

(a)覆土 3.50 m　　　　　　　　(b)覆土 5.50 m

图 2.6　剪力图（Ⅰ）（单位：kN）

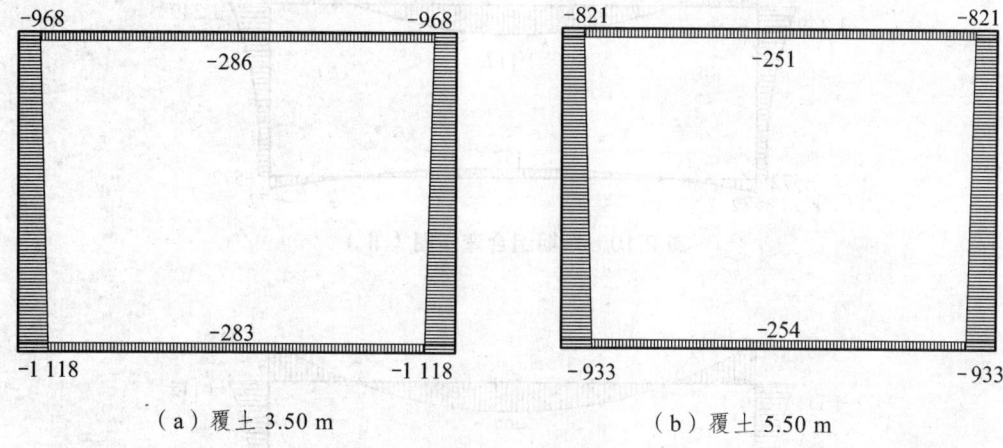

(a)覆土 3.50 m　　　　　　　　(b)覆土 5.50 m

图 2.7　轴力图（Ⅰ）（单位：kN）

2. 单孔净宽 15.65~17.05 m 标准段

计算工况同单孔净宽 8.65 m 标准段，计入地面活载。图 2.8 所示为单孔净宽 15.65~17.05 m 标准段箱涵结构的计算简图，图 2.9~2.13 所示为最不利工况下箱涵内力包络图，箱涵尺寸为 $B \times H = (1\,565 \sim 1\,705.7) \text{cm} \times 616 \text{cm}$，上覆土厚度为 6.70 m。

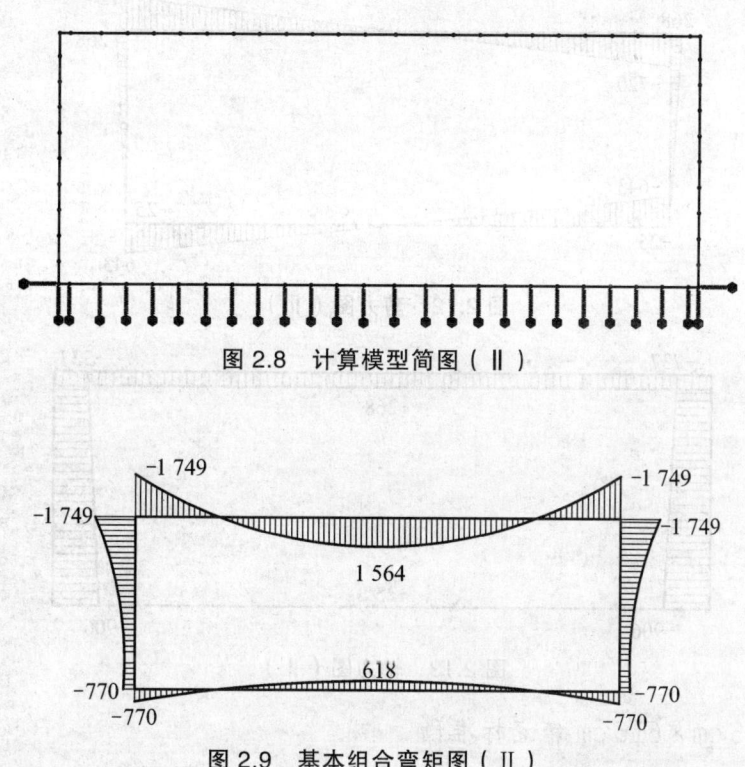

图 2.8　计算模型简图（Ⅱ）

图 2.9　基本组合弯矩图（Ⅱ）

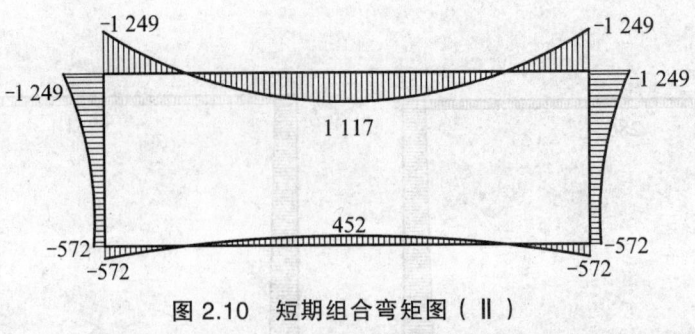

图 2.10 短期组合弯矩图（Ⅱ）

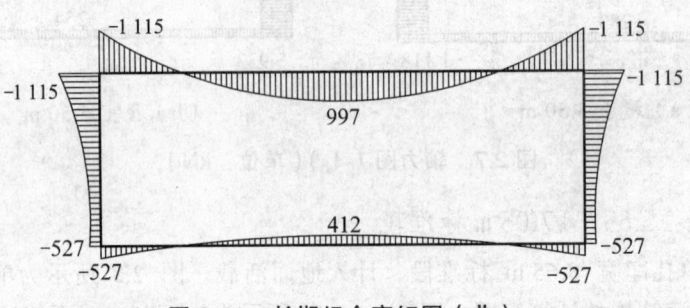

图 2.11 长期组合弯矩图（Ⅱ）

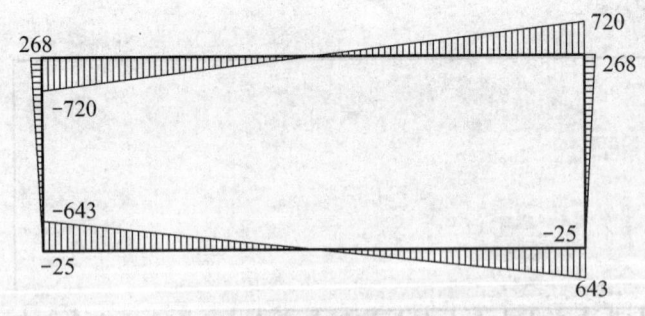

图 2.12 剪力图（Ⅱ）

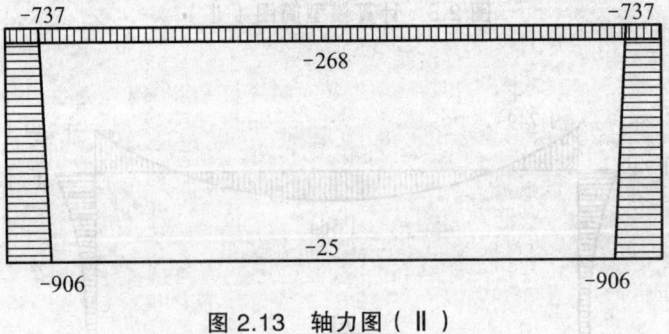

图 2.13 轴力图（Ⅱ）

3. 2孔865 cm×616 cm 箱涵标准段

计算工况同单孔净宽8.65 m 标准段，计入地面活载。图 2.14 所示为2孔865 cm×616 cm 标准段箱涵结构的计算简图，图 2.15~2.19 所示为最不利工况下箱涵内力包络图，箱涵尺寸

为 $B×H = (1\,565 \sim 1\,705.7)\text{cm} × 616\text{ cm}$，上覆土厚度为 6.70 m。

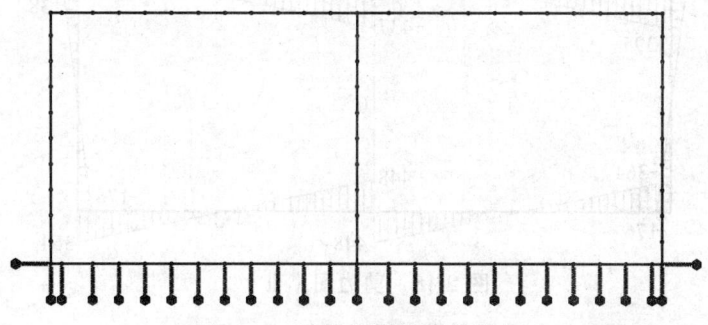

图 2.14　计算模型简图（Ⅲ）

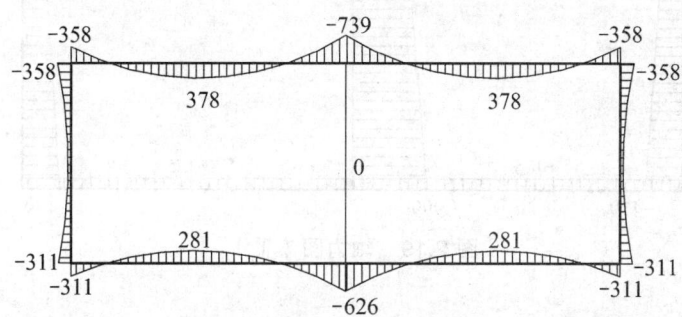

图 2.15　基本组合弯矩图（Ⅲ）

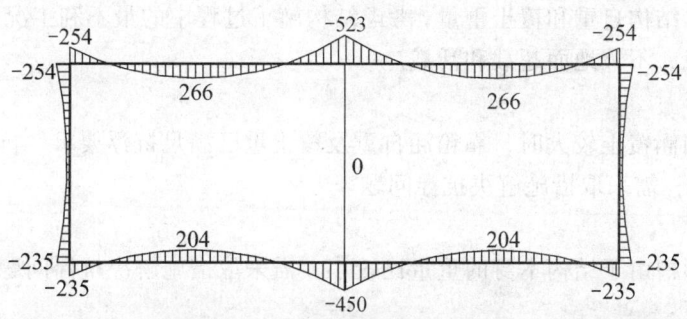

图 2.16　短期组合弯矩（Ⅲ）

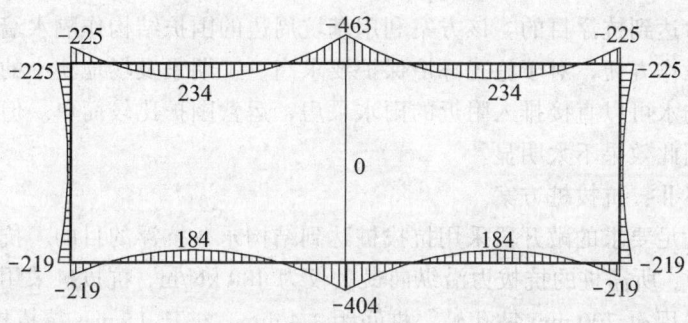

图 2.17　长期组合弯矩图（Ⅲ）

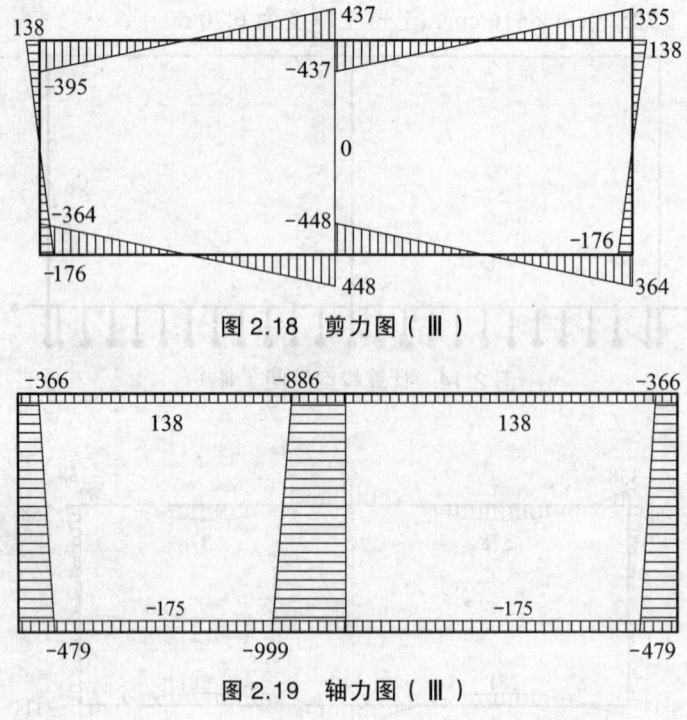

图 2.18 剪力图（Ⅲ）

图 2.19 轴力图（Ⅲ）

2.2.6 结构抗浮

抗浮设计计入结构自重和覆土重量，考虑结构施工过程中的最不利工况。不计道路垫层、装饰层、设备荷载，不计地面超载和活载。

（1）暗埋段。

经计算，当箱涵覆土较大时，靠箱涵自重及覆土重已满足抗浮要求，抗浮安全系数大于1.10；覆土较小时，需采取措施解决抗浮问题。

（2）敞开段。

经计算，U形槽由于结构本身的重量比较小，需采取措施解决抗浮问题。

抗浮方案如下：

（1）抗浮方案Ⅰ：倒滤层方案。

在敞开段和邻近暗埋段底板下铺设倒滤层，每隔一定距离布置滤管和滤井，抽掉底板下的水，消除水浮力达到抗浮目的。该方案利用基坑周边的围护结构作隔水墙，围护结构采用单一工艺施工，操作方便，对于施工环境保护要求高、工期紧及场地狭小的施工条件比较适合。另外，抽出的水可以直接排入附近的雨水泵房，运营围护比较简单。但是工程围护结构抗渗能力较弱，因此效果不太明显。

（2）抗浮方案Ⅱ：抗拔桩方案。

在抗浮不能满足要求的敞开段采用抗拔桩达到结构永久抗浮的目的。抗拔桩利用结构两侧围护桩，经验算，所需桩的抗拔力沿纵向最大仅为480 kN/m，抗拔桩采用围护桩和抗拔桩相结合，围护桩采用 $\phi1\,200$ mm钻孔桩，桩间距1.4 mm，桩长15 m；抗拔桩采用 $\phi1\,000$ mm钻孔桩，桩间距4.0 m，桩长8 m，满足抗浮的要求。采用钻孔桩抗拔无须另外的运营费用，可以节约投资，结构的永久安全性也可确保。经综合比选，主要考虑安全可靠性，隧道覆土较小者和敞开段采用抗拔桩方案。

2.2.7 工程材料

结构的工程材料是根据结构类型、受力条件、使用要求及所处环境等因素选用，并考虑其经济性。工程主要受力结构采用钢筋混凝土，同时加入必要的外掺剂，以减少混凝土的干缩裂缝，满足防水要求。

1. 钢　材

钢筋：R235 必须符合国家标准（GB 1499.1—2008）的规定，HRB335 必须符合国家标准（GB 1499.2—2007）的规定；

钢材：Q235a 号钢。

2. 混凝土

C35：箱涵主体、U 形槽，抗渗等级 P8；

C30：帽石；

C20：垫层。

2.3 围护结构设计

2.3.1 围护结构概述

根据隧道主体结构的布置状况，考虑工程地处老城区，施工用地受限，工程暗埋段及敞开段采用围护桩，明挖法施工。最大开挖深度约 12 m，开挖深度范围内分布地层有：

（1）杂填土，层厚 0.80～16.50 m；

（2）淤泥质粉质黏土，层厚 1.00～7.60 m；

（3）细砂，层厚 0.50～7.10 m；

（4）砾砂，层厚 0.30～8.50 m。

拟建场区周边为建筑物及道路，且地下管线设施较多。因此，施工基坑宜采用必要的支护措施。

在 A2K0+300 东侧，两栋 8 层宿舍楼离下穿匝道仅约 4 m。江南四大名楼之一的滕王阁在隧道西侧，离隧道约 45 m。隧道东侧离城市大酒店（14 层）、凯莱大酒店（18～21 层）、华远大酒店均只有 20 m 左右；塘子河立交桩基离隧道外边缘最小距离只有约 1 m；围护桩离赣江最小距离仅约 20 m。基坑设计围护需考虑以上节点的特殊措施。根据《建筑基坑支护技术规程》，对基坑深度超过 8 m 的暗埋段按一级基坑考虑，重要性系数 $\gamma_0 = 1.1$；基坑深度小于 8 m 的暗埋段、敞开段均按二级基坑考虑，$\gamma_0 = 1.0$。围护的形式根据基坑深度、结构类型、工程地质情况、场地限制条件、使用条件、施工工艺等确定，力求选用技术成熟、施工安全、造价合理、工期短、符合环保要求、利于文明施工的方案，针对工程的工程地质情况及环境要求，可选用的支护方案有 SMW 工法和组合式排桩支护方案。

2.3.2 SMW 工法

1. SMW 工法简介

SMW 是 Soil Mixing Wall 的缩写。SMW 工法是指在水泥土深层搅拌桩墙中，按一定形式插入 H 型钢，成为一种劲性复合围护结构，国外亦称之为 TSP 工法。这种结构具有抗渗性好、刚度大、构造简单、施工简便、工期短、无环境污染等优点。该法发源于日本，现已在我国台湾地区以及泰国等东南亚国家和美国、法国许多地方广泛应用。

SMW 工法的主要特点有：

（1）施工不扰动邻近土体，不会产生邻近地面下沉、房屋倾斜、道路裂损及地下设施移位等危害。

（2）钻杆具有螺旋推进翼与搅拌翼相间设置的特点，随着钻掘和搅拌反复进行，可使水泥系强化剂与土得到充分搅拌，而且墙体全长无接缝，从而使它可比传统的连续墙具有更可靠的止水性，其渗透系数 k 可达 10^{-7} cm/s。

（3）所需工期短，在一般地质条件下，每一台班可成墙 70~80 m^2。

（4）废土外运量远比其他工法为少。

（5）由于 SMW 工法在施工完毕后，插入搅拌桩的 H 型钢可用千斤顶拔起反复使用，节约了施工成本。

2. H 型钢插入深度的确定

基坑底以下为透水性较大的砂性土层时，水泥搅拌桩必须深入到不透水层，防止管涌发生。H 型钢插入搅拌桩深度由基坑抗隆起稳定及挡墙内力变形来确定，同时以型钢拔出为主要条件。

抗隆起安全系数：

$$K_s = \frac{\gamma D_c N_q + c N_c}{\gamma(H + D_c) + q}$$

要求：$K_s \geq 1.1 \sim 1.2$。

式中　H——基坑开挖深度，m；

c——坑底土体内聚力，kPa；

q——地面超载，kPa；

D_c——入土深度，m；

N_q、N_c——地基承载力系数，$N_q = e^{\pi \tan \phi} \tan^2\left(45° + \frac{\varphi}{2}\right)$，$N_c = (N_q - 1)\cot\varphi$。

为使型钢完整拔起，应控制上拔力小于 70% 型钢抗拔力。

3. SMW 工法施工方案和工艺流程

（1）施工方案。

水泥搅拌桩采用 32.5 MPa 的普通硅酸盐水泥，水泥掺量为 18%。桩径 0.9 m，桩间距 0.7 m，桩长20 m。3根搅拌桩内插2根HK500×300的H型钢，支护桩顶端设置0.8 m×0.6 m的C25钢筋混凝土冠梁。设2道临时内支撑，间距4 m，采用$\phi 609\times 12$的热轧无缝钢管；每道支撑处均设置一道纵向腰梁，腰梁采用2根HK400×400的H型钢。主通道中隔墙偏移1 m处设中立柱，立柱为格构式钢柱，间距4~8 m，截面尺寸为0.4 m×0.4 m，由4根∠140×12的角钢组合而成，钢立柱之下为$\phi 1.0$ m的钻孔灌注桩。钢立柱进入钻孔灌注桩内长度为2.5 m，立柱之间采用钢连梁连接，连梁采用2I32a组合钢梁。

（2）SMW工法工艺流程。

导沟开挖，确定是否有障碍物；

置放导轨；

设定施工标志；

SMW钻拌，钻掘及搅拌，重复搅拌，提升时搅拌；

置放应力补强材（H型钢）；

固定应力补强材；

施工完成SMW。

（3）SMW工法施工准备。

设备进入施工现场后，对钻孔的钻头必须检查确认，进场设备必须有检验证书，避免在钻桩中由于机械原因造成不能持续施工，从而影响水泥土搅拌桩的强度。然后进行桩位、基坑位置测量放样，确保桩与桩之间的相接长度，保证基坑四周的密封性。

4. 地基加固处理和基坑开挖

按基坑灰线开挖基槽：设备就位；检查起吊设备的平整度和导向架对地面的垂直度，一般垂直度偏差不超过1%，桩位偏差不大于5 cm，现场钻杆长度应大于设计桩长；钻杆长度符合要求后开钻并填写深层搅拌桩记录，施工中有关参数均需在表中详细记录；施工中桩底宜超深10~20 cm，桩顶宜超高10 cm。

水泥浆液的配比拌制：应按每根桩水泥用量配制，按设计要求以定额浆量控制。配制好的浆液要求停置时间不得过长，以免造成浆液离析。浆液倒入集料斗时应加筛过滤，以免浆液结块堵管。对拌制浆液的罐数、水泥用量和泵送浆液的时间应有专人记录在施工记录表中。灰浆泵送浆液经输浆管到达喷浆口时间以及起吊提升速度等参数均应在施工前作实际标定。

为了保证施工质量，须检查搅拌桩钻头直径是否与设计一致，不得小于设计直径；还要检查所需插入的H型钢的几何尺寸是否与设计一致。对浆液的配制及压力值的控制以及成桩深度，必须符合设计已定的施工工艺。对基坑围护搭接成型的桩应连续施工，相邻桩施工间隔时间不得超过10 h。在机台预成孔结束时，机台操作员应与供浆员密切配合，开始与结束要求给信号提示。台前搅拌机喷浆提升的速度不大于0.5 m/min，搅拌下沉速度不应大于2 m/min，第二次重复喷浆提升速度不应大于0.8 m/min。重复上下搅拌时要求对桩长的喷浆量均匀，喷浆压力值为1 MPa，后台供浆必须连续，以防断桩，成桩结束浆液也应用完。施工记录应有专人负责，必须详细记录搅拌机下沉和提升的时间、深度、供浆与停浆的时间，在施工中发生的问题及处理情况，均应在备注栏中说明。在搅拌桩连续施工时，应及时组织人员清理施工后膨胀的土体，检查插入H型钢规格长度是否与设计一致、减摩油的涂抹是否符合要求，并测放搅拌桩的内边线及 H 型钢的间距，做好标志，以免在 H 型钢施工时偏离桩位，影响其功能。在插入 H 型钢时要保证 H 型钢的垂直度，应用 2 台经纬仪垂直相交予以测定，待符合要求后放入深层搅拌桩桩顶，用振动锤实施插入。为保证 H 型钢的顺利插入，应与深层搅拌桩在不影响各自施工的情况下进行流水作业，以利于 H 型钢与深层搅拌桩的结合，不影响深层搅拌桩的连续施工。否则，一旦搅拌桩有强度后，此时 H 型钢强行插入就会引起搅拌桩桩身产生离析。桩体受损形成的裂隙可能造成基坑渗水、漏水，故要求 SMW 工法应连续施工。

最后，封闭桩搭接应采取慢速下沉，提升速度应控制在 30～50 cm/min，确保搭接桩的良好结合，保证基坑不渗水、漏水。在基坑开挖时首先凿除搅拌桩桩顶浮浆，测量桩顶标高；然后浇注圈梁混凝土，同时查清周边环境，确定对周边管线及相邻构筑物等已采取措施后，待圈梁强度达到大于或等于 70% 时，才能开挖基础。首先按设计要求采用钢管做顶撑，计算施加预应力所需增加的长度，按每道支撑计算所需不同预应力增加的长度配制好顶撑钢管及围檩。开挖至标高时应及时支撑，才能继续开挖，以免造成基坑开挖中因不及时支撑，引起基坑移位、沉降等问题；在基坑开挖至设计标高后，应在 4 h 内浇筑混凝土垫层。

5. 关键技术的处理

（1）H 型钢水泥土搅拌桩支护结构的施工关键在于搅拌桩制作以及 H 型钢的制作和打拔。搅拌桩制作同常规搅拌桩比较，要特别注重桩的间距和垂直度。施工中垂直度偏差应小于 1%，以保证 H 型钢插打起拔顺利，保证墙体的防渗性能。注浆配比除满足抗渗和强度要求外，还应满足 H 型钢插入顺利等要求。

保证加固体强度均匀的措施及原则如下：

① 压浆阶段不允许发生断浆和输浆管道堵塞现象，若发生断桩，则在向下钻进 50 cm 后再喷浆提升。

② 采用"二喷二搅"施工工艺，第一次喷浆量控制在 60%，第二次喷浆量控制在 40%，且二次喷浆提升速度控制在 0.5 m/min，严禁桩顶漏喷现象发生，确保桩顶水泥土的强度。

③ 搅拌头下沉到设计标高后，开启灰浆泵，将已拌制好的水泥浆压入地基土中，并边喷浆边搅拌约 1～2 min。

④ 控制重复搅拌提升速度在 0.8～1.0 m/min，以保证加固范围内每一深度均得到充分搅拌。

⑤ 相邻桩的施工间隔时间不能超过 24 h，否则喷浆时要适当多喷一些水泥浆，以保证桩间搭接强度。

⑥ 预拌时，软土应完全搅拌切碎，以利于与水泥浆的均匀搅拌。

（2）H 型钢的制作与插入起拔。

H 型钢的拔出，减摩剂至关重要。因此，H 型钢表面应进行除锈，并在干燥条件下涂抹减摩剂，搬运使用应防止碰撞和强力擦挤。在搅拌桩顶制作围檩前，应事先用牛皮纸将型钢包裹好进行隔离，以利拔桩。H 型钢应在水泥土初凝前插入。插入前应校正位置，设立导向装置，以保证垂直度偏差小于 1%。插入过程中，必须吊直型钢，尽量靠桩锤自重压沉。若压沉无法到位，再开启振动下沉至标高。型钢回收，采用 2 台液压千斤顶组成的起拔器夹持型钢顶升，使其松动，然后用吊机固定，用千斤顶加铰链通过摩擦力将其顶出。采用拔H型钢过程中同时进行注浆充填空隙的方法进行施工。

2.3.3 组合式排桩支护

排桩采用适应性强、成桩质量好的钻孔桩，桩径1.0 m。在钻孔围护桩间采用$\phi 1 000$ mm三重管高压旋喷桩截水，三重管旋喷桩与钻孔围护桩一起形成封闭的止水帷幕，基坑较深者辅以锚杆，以抵抗较大的侧压力，从而形成多支撑支护。采用组合式排桩支护替代传统的木桩、钢桩、钢筋混凝土桩等，起挡土、承重、防水作用。由于其刚度大、防渗性能好、能适应软土地质条件，工程施工对周围土体扰动小、对周围建筑物影响小、施工时振动小、噪声低，在狭窄场地也能安全施工。组合式排桩支护与现浇地下连续墙相比，施工简便，成本较低；不需设置笨重的接头管，省去吊放和拔除接头管的大型设备；孔壁稳定性好，不需大型挖槽机；钻孔与高压旋喷桩的时间差要求不高，便于流水作业，可多工作面作业。其缺点是结合面多、整体性较差、抗渗性较差、工艺要求较严、施工速度较慢。

工程地下水位较高，需采用机械钻孔桩。其优点是：对周围土体扰动小、对周围建筑物影响小、施工时振动小、噪声低，在狭窄场地也能安全施工；排桩的尺寸精度、防水、混凝土质量都能得到有效的保证；施工简便、材料消耗少、造价低。

施工方法：根据地质条件间隔钻孔，钻至桩底标高，吊装桩身钢筋笼就位，并浇筑混凝土，完成挖孔桩；然后在已做好的挖孔桩相邻桩位采用$\phi 1 000$ mm三重管高压旋喷桩截水，基坑较深者辅以锚杆形成多支撑支护，这样就形成了组合式排桩支护。在基坑顶部适当位置用红砖砌筑排水沟，用以拦截地表水，坡顶排水沟经沉淀池与市政排水系统连通；基坑底部沿护壁围护桩侧用红砖砌筑排水沟，基坑底部各拐角点设置集水井，用以排除基坑内积水。

2.4.4 方案比较

表2.1所示为SMW水泥搅拌桩、组合式排桩支护两种围护形式的详细比较。

表 2.1 围护结构比较表

围护结构 比较项目	SMW桩	组合式排桩
对地层的适应性	适用于软土地层	适用于各种土层
围护效果	刚度小、变形大	刚度较大、变形较小
对邻近建筑管线的影响	有一定影响	影响小

续表 2.1

围护结构 比较项目	SMW 桩	组合式排桩
防水效果	防水效果较好	防水效果好
与永久结构结合情况	临时支护，不能作为永久结构的一部分	可按临时支护考虑，也可参与主体结构共同受力，按重合墙考虑
本地区适用深度	基坑深度不宜大于 14 m	适用基坑深度大
施工对环境的影响	对周围污染小	施工时振动小、噪声低、对环境影响小
施工速度	施工速度快	施工工艺成熟，施工速度快
围护结构造价	低	高
对机具设备的要求	需要大型钻机	需要大型钻机

综上论述，结合各种方法优点，采用组合式排桩支护方法，具体如图 2.20 所示。

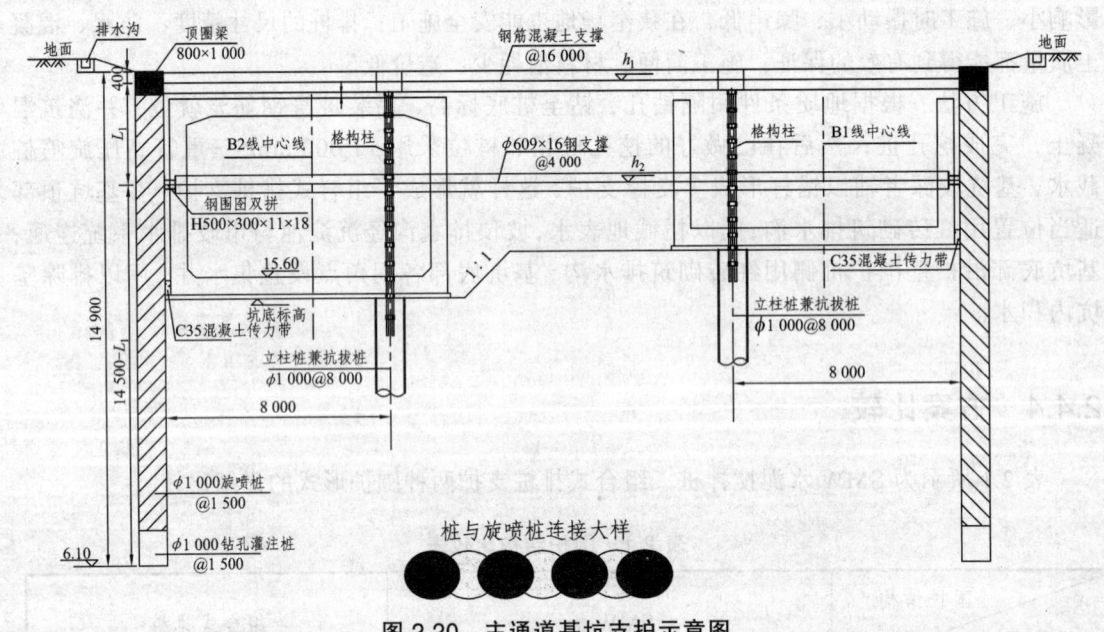

图 2.20 主通道基坑支护示意图

2.3.5 管线保护设计

对于施工期间不能进行改移的管道（线），需分以下三个阶段进行保护：

1. 围护结构施工阶段管线保护措施

对于管径较大的管道，采用 $\phi 1\ 000$ mm 的挖孔桩加固，管道下基坑侧壁挂网喷射 C20 混凝土补强。

2. 基坑开挖阶段管线保护措施

给水管和煤气管采用悬吊法加抬梁法进行保护。电力、电信、光缆、交通通信、邮电等管线由于管径小、自重轻、埋深浅，仅采用悬吊法保护。

3. 主体结构施工阶段管线保护措施

主体结构施工时，管线穿过处必须预留一方形孔洞或U形缺口，待管线改移后再封填密实。考虑到防水的需要，在预留孔四周设置一圈钢板止水带，钢板止水带接缝处焊接须密实。

2.4 结构防水设计

2.4.1 防水设计原则

（1）地下结构的防水设计应遵循"以防为主、刚柔结合、多道防线、因地制宜、综合治理"的原则。

（2）确立钢筋混凝土结构自防水体系。即以结构自防水为根本，采取措施控制结构混凝土裂缝的开展，增加混凝土的抗渗性能；以变形缝、施工缝等接缝防水为重点，辅以柔性外包防水层加强防水。

2.4.2 防水等级及耐久性环境类别

（1）隧道结构。

根据《地下工程防水技术规范》（GB 50108—2001），防水等级应为二级，实际采用的标准略高于二级，具体如下：

顶板无湿渍，侧墙总湿渍面积≤总内表面积×2‰，任意 100 m^2 湿渍不超过3处，单个湿渍最大面积不大于 0.2 m^2；任意 100 m^2 渗漏量≤0.1 L/(m^2·d)，整条隧道平均渗漏量≤0.05 L/(m^2·d)。

（2）泵房及配电所。

与隧道主体连接在一起的配电所根据《地下工程防水技术规范》（GB 50108—2001），防水等级为一级，即不允许渗水，结构表面无湿渍。泵房防水等级为二级。

（3）结构耐久性环境类别：二（a）类。

2.4.3 防水技术要求

工程主体结构均为采用明挖施工的地下工程。防水设防要求为：

（1）现浇混凝土结构必须满足自防水要求，抗渗等级≥P8，混凝土的氯离子扩散系数完<2×10^{-12} m^2/s（90天自然扩散法），作为计算混凝土设计使用寿命与配合比满足抗裂、耐久性的依据，并满足长期致密、抗氯离子侵蚀的要求。此外，施工中应检测电通量（≤2 000

库仓），作为混凝土耐久性的定期过程控制；混凝土60天干燥收缩率不大于0.025%；结构混凝土强度等级为C30，以满足长期致密、防碳化的要求；不允许出现贯穿裂缝，表面裂缝宽度≤0.2 mm；混凝土抗碳化能力，以碳化深度理论计算达到100年。通过以上指标的检测推断，进而保证混凝土的使用寿命。混凝土抗冻融指标大于200。

（2）防水分缝：横向以变形缝为主，结构侧墙设置纵向水平施工缝，共墙结构的底板设置纵向垂直施工缝。

（3）隧道变形缝应突出纵向伸缩变形的功能，严格控制沉降变形；应保证在温度变形、干缩等引起的各种轴向位移下不渗漏。变形缝内选用中埋式止水带和外贴式止水带防水。

2.4.4 主要技术措施

1. 混凝土结构自防水

采用普通硅酸盐（或纯硅）水泥，水泥强度等级不应低于32.5级，并要求C_3A含量≤8%。掺加防水剂，7天水中限制膨胀率为0.000 4，防渗等级为P8。混凝土水胶比≤0.45。限制水泥用量，控制用水量≤185 kg/m³。混凝土中的石子粒径应为5~40 mm连续级配，针片状石子的含量≤10%，含泥量≤1%，泥块含量≤0.5%；砂应采用中粗砂，含泥量≤2%，泥块含量≤1%，砂率宜控制在35%~45%。混凝土总碱量≤3 kg/m³；混凝土拌和料中氯离子总量不超过胶凝材料重的0.1%；砂石材料必须通过碱活性测试认定为非活性，以浇筑耐久性高、防水性强的结构自防水混凝土。

控制混凝土入模坍落度《混凝土泵送施工技术规程》（JGJ/T 10—95）和接触面温度，所有混凝土入模温度均应≤28 ℃，且≥5 ℃，混凝土中心温度与表面温度最大温差（在混凝土浇筑后三周内）≤25 ℃。混凝土侧墙浇筑时倾落的自由高度不应超过1.5 m。顶板、底板混凝土应在初凝前多次收水抹光，初凝后应对混凝土覆盖并浇水，浇水的次数以能保持混凝土处于湿润状态为准。

混凝土浇筑后养护非常重要，应根据气温情况，即时浇水养护，使混凝土外露面始终保持湿润状态；养护期一般不少于14天，同时还应加强结构养护（如顶板蓄水养护、侧墙前期喷水、后期挂湿土工布养护）、延长养护期（如顶板养护至防水层开始施工）等，以控制混凝土干缩裂缝与收缩裂缝。

2. 隧道暗埋段结构外防水

暗埋段结构外防水采用有机硅混凝土保护剂和柔性防水层，沿顶板、底板及侧墙四周外表面进行整体全包裹，以此作为附加防水层。在结构混凝土外表面涂刷2道有机硅混凝土保护剂，待其全部渗入混凝土表面以下3~7 mm后，外贴一层柔性防水材料层。施工缝及变形缝处应增加一层柔性防水材料。有机硅混凝土保护剂是一种特殊长链或长链与短链烷基硅烷和它的低聚体嵌段有机硅共聚体，2 h表面透水率比≤10%，涂层混凝土试件抗渗透等级≥P8，水吸收量降低率≥90%，氯化物吸收量降低率≥90%，渗透深度（在C30基准混凝土中）为4~7 mm。柔性防水层采用BAC高分子复合自黏防水卷材（非织物加强型），厚2 mm，高分子胎体厚0.8 mm；以3~5 mm厚素水泥浆作为黏合剂，采用满铺法施工，卷材的搭接宽度为15 cm，搭接口采用"焊接高分子卷材或双面自黏胶带封口"方式。在施工缝及变形缝处增加防水卷材 2 道,第一道(近结构侧)的宽度为 50 cm(即缝的两侧各 25 cm),第二道的宽度为 30 cm(即缝的两侧各 15 cm)。防水卷材不透水性压力≥0.3 MPa(30 min 无渗漏),断裂拉伸强度≥300 N/mm^2,断裂延伸率≥400%,撕裂强度≥20 N,低温弯折(≤-20 ℃)无裂纹,剪切性能自黏面与自黏面≥4 N/mm^2、自黏面与片材≥2 N/mm^2,剥离性能≥2 N/mm^2。

3. 施工缝及变形缝防水

暗埋段和敞开段结构的变形缝、施工缝防水变形缝缝宽 15 mm,采用外贴式止水带与中埋式钢边橡胶止水带双道防水,并设多次性注浆管。其中,外贴式止水带在顶板位置与顶板用嵌缝聚硫密封胶及防水涂料搭接,沿底板、侧墙成封闭环;中埋式止水带预埋于底板、侧墙及顶板,兜绕成封闭环。缝内嵌丁腈软木橡胶板,外嵌双组分聚硫密封胶。在中埋式止水带两侧各设遇水膨胀止水胶。当结构主体完成后、内部装修开始前,应用可多次性注浆的浆液对所有注浆管进行注浆一遍,以保证变形缝的密实。

纵向水平施工缝,均采用双道防水措施,确保不渗漏。在靠侧墙的外壁 20 cm 处设置一道遇水膨胀止水胶,而在墙中部设一道多次性注浆管。水平施工缝表面应拉毛并进行处理,接浆厚度为 30 mm,但铺设注浆管的部位应保持平整。

遇水膨胀止水胶具有耐久性好、缓膨胀性和施工方便等性能。止水胶固化前呈胶状,下垂度≤3 mm,表干时间 24 h;固化后呈橡胶状,拉断伸长率≥500%,拉伸强度≥0.3 MPa,最终体积膨胀倍率为 200%~300%,浸水 7 d 的净膨胀率占最终净膨胀率的百分比≤60%(试样断面为 20 mm×10 mm)。安装止水胶时应事先将施工缝表面的浮渣和积水清理干净,止水胶采用专用注胶器挤出,挤出量为按设计要求确定的数量。止水胶挤出成型后,固化期一般大于 24 h,需进行临时保护,避免提前遇水膨胀或施工破坏;止水胶表干后方可进行混凝土浇筑。多次性注浆管应与工程结构寿命相同,可重复多次注浆。注浆管的材料:管为硫化硬质橡胶管,阀门为硫化海绵橡胶,注浆管尺寸为 $\phi 10 \sim \phi 20$ mm;注浆管安装时应牢固,注浆口应封闭,防止混凝土中的水泥浆堵塞管径。在混凝土结构基本稳定且发现有渗漏时进行注浆,浆液采用化学浆,按常规注浆堵漏方法施工。

钢边橡胶止水带执行标准为 GB 18173.2—2000B 型,宽 350 mm(钢板+橡胶止水带),钢板厚 0.8 mm,钢板两侧应有预留孔,预留孔的作用是固定钢边橡胶止水带。钢边橡胶止水带施工程序及要求为:

(1)钢边橡胶止水带安设位置要准,其中间空心圆环与变形缝中心线重合,并安设到防水钢筋混凝土衬砌厚度的 1/2 处,做到平、直、顺。止水带搭接方法:钢板采用焊接法,橡胶采用黏结法,要求连接缝严密牢固。钢边橡胶止水带上的钢板两侧设有预留孔,预留孔间距每侧为 300 mm(预留孔两侧错开布置),用铁丝穿孔固定在钢筋上并用扁钢加强固定;转角处做成圆弧形,半径不应小于 100 mm。

(2)浇注混凝土时,为防止损坏止水带,在止水带周围的混凝土应充分振捣,使橡胶和混凝土结合紧密,不得产生空隙。

(3)如有条件,非硫化部位的橡胶搭接宜采用热硫化连接。

(4)钢边橡胶止水带中的橡胶严禁采用再生橡胶,橡胶制品无针眼无气孔,钢板和橡胶应黏结牢固,在施工时钢板上应涂防腐涂料。

4. 敞开段的外防水

敞开段的变形缝处理与暗埋段结构类同，但中埋式钢边橡胶止水带与外贴式橡胶止水带在侧墙顶部以下收口，并用遇水膨胀橡胶腻子块封口。结构外防水采用有机硅混凝土保护剂沿底板及侧墙外表面涂刷2道，以此作为附加防水层。

5. 其他结构物的防水

隧道配电所为一级防水，采用有机硅混凝土保护剂和柔性防水层作为外防水层进行全包防水。隧道泵房仅采用有机硅混凝土保护剂作为外防水层，做法同结构主体。

设备用房的穿墙管线均应在预埋前加焊止水环（或加设遇水膨胀止水圈），并要求用双止水环，以加强防水。

6. 隧道侧墙施工要求

隧道外侧墙浇筑混凝土施工时不允许使用对拉螺栓；若内侧墙需使用时，则应在对拉螺栓上设置遇水膨胀止水胶一道并在混凝土面上堵头的凹槽处用聚合物水泥砂浆密封。

第3章 濒江复杂地质条件下明挖隧道施工技术

3.1 濒江复杂地质条件下工程风险分析

江西省南昌市沿江中、北大道连通工程路线全长约 2 328 m。连接线地面层道路长约 1 153 m（其中跨抚河桥梁长约 94 m），道路宽 20 m。连接线隧道部分按上、下行分别设置，东侧隧道总长 737 m，其中单向四车道隧道（长 137 m）总宽为 17.45 m，单向双车道隧道（长 600 m）总宽为 9.65 m；西侧隧道长 798 m，均为单向双车道隧道，总宽为 9.65 m。隧道南、北两侧引道各长约 170 m，与隧道同宽。拟建工程隧道段附近各类管线密集复杂，道路两侧多为商业店铺、住宅楼、办公楼等。沿线建筑主要分布在道路东侧及滕王阁内和八一大桥引桥，楼房高 2~51 层。工程施工存在以下难点：

（1）南昌市沿江中、北大道连通工程地质条件特殊，表层杂填土厚，最厚处达 9 m；基坑基本全是在杂填土层中开挖，岩土成分复杂，易产生潜蚀，并诱发管涌，基坑变形的不确定性及施工风险较高。

（2）南昌市沿江中、北大道连通工程濒临赣江、抚河，基坑底部主要为砾砂层，透水性好，地下水与赣江联系。

（3）该工程工期紧、任务重，基坑需一次施工，全断面大开挖，最不利时，基坑全部暴露，且坑底标高不一致，开挖后基坑呈现明显的空间特征。

（4）工程周围接近建筑群，建筑群高低错落，在建筑群荷载及土体自重作用下，地基中的原始应力复杂，基坑开挖后次生应力引起的变形更加复杂。

（5）工程邻近著名的滕王阁景区，基坑边缘与滕王阁主楼的台阶相接，且有小部分台阶受施工影响已拆除。然而，据调研资料可知，滕王阁主楼与其台阶采用的是不同的基础形式，基坑开挖可能会引起二者的不均匀变形。

3.2 施工总体方案

工程暗埋隧道及敞开段均采用明挖顺作施工方法，隧道基坑围护结构采用钻孔灌注桩+旋喷桩止水联合形式（局部敞开段采用放坡开挖或土钉墙支护方式），土方开挖前辅以基坑降水等措施，支撑体系采用φ609 mm钢管支撑+H型钢围檩（局部第一道支撑采用钢筋混凝土支撑）。暗埋隧道施工工序流程如图3.1所示。

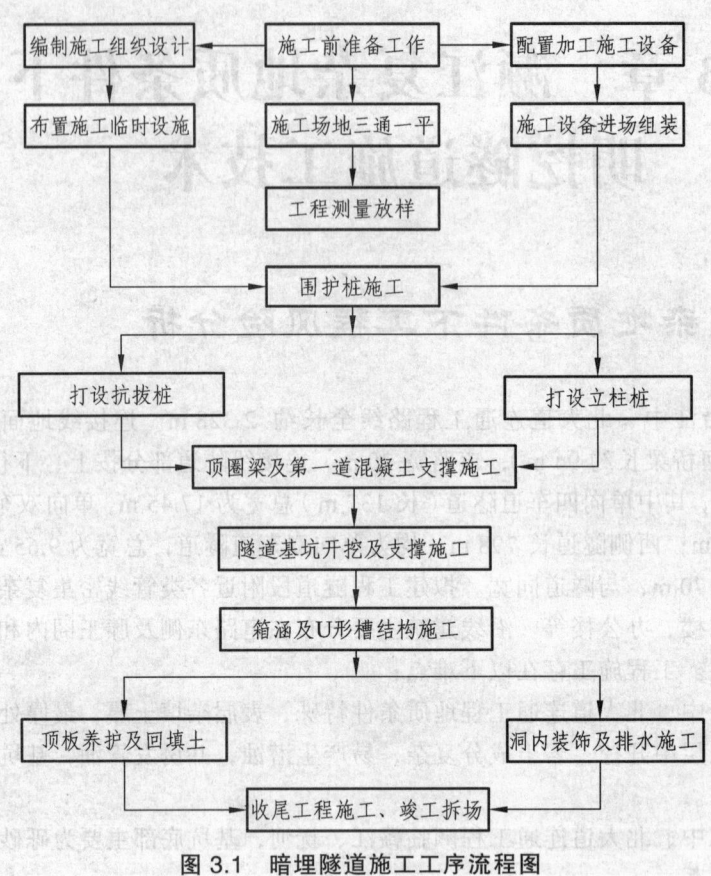

图3.1 暗埋隧道施工工序流程图

3.3 杂填土围护桩施工技术

围护结构钻孔灌注桩直径φ1 000@1 500，混凝土强度等级为水下C25，桩底要求进入中风化泥质粉砂岩至少0.6 m，桩头钢筋伸入顶圈梁中，平均桩长15 m。

工程钻孔灌注桩1 830根，分布在全长约1 300 m的线路上。沿线各段地质、周边环境复杂迥然，单一的施工方法、施工手段及工艺很难满足业主对工期、质量及安全的要求。因此，分项工程采用三种方法进行钻孔灌注桩施工。

3.3.1 回转钻机钻进成孔方法

钻孔灌注桩工艺流程如图3.2所示。

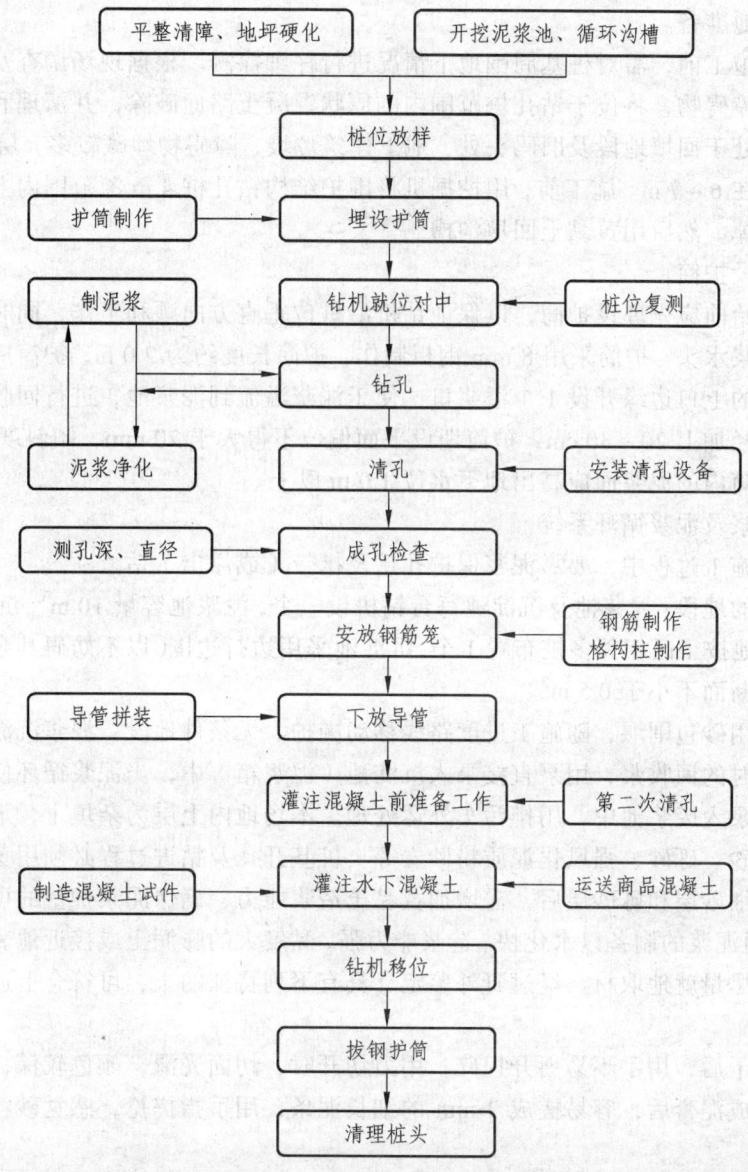

图 3.2 钻孔灌注桩工艺流程图

1. 施工准备

钻孔准备工作主要有桩位测量及放样、平整施工场地、清除地下障碍物、布设道路（施工便道）、设置供水及供电系统、制作和埋设护筒、泥浆备料与调制、沉淀出渣及准备钻孔机具等。

（1）测量放样。

根据导线控制点、设计院提供的坐标、桩位图测放桩位。测量桩橛要正确、醒目，标志清楚，由测量工程师交给现场施工员；填写桩基轴线和桩位标志记录。桩基轴线和桩位样桩的定位点，设置在不受施工直接影响的地点。在施工过程中经常作系统的检查，定位点需要移动时，先检查其准确性，并做好测量记录。

（2）场地准备。

钻孔桩施工前，需对桩基周围地下情况进行仔细探测。根据现场调查及探测，首先对钻孔场地清除障碍物，将位于钻孔桩范围内的原状混凝土路面破除，并清理和平整场地。由于场区大部分处于回填地段及旧码头处，地下建筑垃圾、障碍物埋藏较多，层厚约 6～9 m，码头基础埋深在 6～7 m。施工前，用挖掘机将围护结构钻孔桩 4 m 深范围内上部的建筑垃圾及障碍物清理掉，然后用黄黏土回填沟槽。

（3）埋设护筒。

钻孔开始前应先埋设护筒，以保证钻机沿桩位垂直方向顺利工作，同时保护孔口和提高桩孔内的泥浆水头。护筒采用 8 mm 钢板制作，护筒长度约为 2.0 m，护筒周边用黏土回填夯实。在护筒的上口边缘开设 1 个溢浆口，便于泥浆溢流到泥浆池，进行回收和循环。护筒内径为设计桩径加上 20～30 cm，护筒埋设平面偏位不得大于 20 mm，倾斜度不得大于 0.75%。施工期间护筒内的泥浆面应高出地下水位 1.0 m 以上。

（4）泥浆及泥浆循环系统。

在钻孔施工过程中，要靠泥浆保护孔壁及携带（或浮出）钻渣。

有条件的地段：泥浆池及沉淀池每台钻机设一个，泥浆池容量 10 m³，沉淀池容量约 20～30 m³。泥浆池按工区相邻多桩布置 1 个，沉淀池采用边打边围（以不妨碍其余桩施工为原则）。泥浆循环沟断面不小于 0.5 m²。

泥浆池用砂包围堰，随施工进度路线移动围护。无条件地段：泥浆沉淀池采用泥浆箱。灌注混凝土时的回收浆，用泵直接泵入沉淀池（泥浆箱）中，当泥浆循环使用达到废弃指标时，将泥浆泵入废浆池中，用排污车外运处理。本场地内上层为杂填土，下层依次为淤泥质黏砂土、细砂、砾砂、强风化泥质粉砂岩等。桩基开孔及钻进过程必须用黄黏土造浆护壁，特别是进入细砂层和砾砂层后，需增加黄黏土造浆能力，确保泥浆护壁的可靠性。

① 普通泥浆的制备以水化快、造浆能力强、黏度大的膨润土或接近地表经过冻融的黏土为好，但应尽量就地取材。经过野外鉴定，具有下列特征的土，可符合上述要求作为调制泥浆的原料。

自然风干后，用手不易掰开捏碎；用刀切开时，切面光滑，颜色较深；水浸湿后有黏滑感，加水和成泥膏后，容易搓成 1 mm 的细长泥条，用手指搓捻，感觉砂粒不多；浸水后能大量膨胀。

一般可选塑性指数大于 25、粒径小于 0.005 mm 颗粒含量多于总量 50% 的黏土制浆。当缺少适宜的黏土时，可用略差的黏土，并掺入 30% 的塑性指数大于 25 的黏土；若采用黏质土时，其塑性指数不宜小于 15，大于 0.1 mm 的颗粒不宜超过 6%。所选黏土中不应含有石膏、石灰或钙盐类化合物。

制浆前，应把黏土块尽量打碎，先往护筒内注入水，然后按计算需要黏土量，往护筒内分批投放黏土，并用钻头小冲程反复搅拌，直至泥浆均匀。

② 优质泥浆的制备原料主要为膨润土，应选用以蒙脱石为主的钙钠基膨润土，保证土具有较好的分散悬浮性和造浆性，造浆用水可直接用赣江水。分散剂选用工业碳酸钠（Na_2CO_3），对钙土进行改性处理。

制浆前，应将膨润土充分浸泡，为达到较好的搅拌效果，应使用机械搅拌，首先将膨润土、水、纯碱按一定比例混合，制成原浆，然后于其中加入水解聚丙烯酰胺，制成 PHP 泥浆备用。

工程以使用普通黄黏土造浆为主,当黄黏土供应困难或因雨天、雪天影响不能进入工地时,则采用膨润土代替黄黏土。

施工过程中可根据具体情况适时调整泥浆性能(及时排浆和及时加清水),初步确定泥浆性能指标,如表3.1所列。

表3.1 泥浆制备指标

检测项目	单 位	范 围	调整措施
粘度	s	10~20	加水和碳酸钠
比重		1.1~1.15	加水
含砂率	%	<5	加水
pH		7~9	加水
失水值	mL/30 min	<30	加CMC

泥浆废弃指标为:粘度>45 s,比重>1.25,含砂率>7%,pH>12。

2. 试成孔

钻孔灌注桩正式成孔之前应先打试孔,以便核对地质资料,检验所选的设备及性能、施工工艺及技术措施是否适宜。

3. 成 孔

(1)成孔方法。

钻进要以泵吸反循环为主、正循环为辅,两者相结合的钻进工艺成孔。

钻进工艺为:

成孔造浆(钻过护筒):正循环;

淤泥质粉质黏土层:反循环、高挡转速,大泵量,中性能泥浆;

中粗、砾砂层:反循环、高挡转速,中泵量,高性能泥浆,低钻压;

强至中风化等岩层:反循环、中挡转速,中泵量,中性能泥浆,高钻压。

根据现场地质条件及土层特征,钻孔灌注桩采用GPS-15回转钻机钻进、泥浆护壁、导管法水下灌注混凝土成桩技术。

(2)成孔工艺。

① 钻机就位。

立好钻架并调整和安设好起吊系统后,将钻头吊起,徐徐放进护筒内。启动卷扬机把转盘吊起,垫方木于转盘底座下面,将钻机调平并对准钻孔。然后装上转盘,要求转盘中心同钻架上的起吊滑轮在同一铅垂线上,钻杆位置偏差不得大于2 cm。在钻进过程中要经常检查转盘,如果有倾斜或位移,应及时纠正。

② 初钻。

先启动泥浆泵和转盘,使之空转一段时间(护筒内造浆),待泥浆输入钻孔中一定数量后,方可开始钻进。

③ 钻进时操作要点。

钻进时,应适当放松钻锥的钢丝绳;钻杆顶端不得降到扶钻平台下面,以防掉钻。钻孔均应采用减压钻进,孔底承受的钻压不超过钻杆、钻锥和压块重力之和的 80%,以避免或减少斜孔、弯孔和扩孔现象。开始钻进时,进尺要适当控制,在护筒刃脚处,应低挡慢速钻进,使刃脚处有坚固的泥皮护壁。

在黏质土中钻进时,由于泥浆黏性大,钻头所受阻力也大,易糊钻,宜选用中等转速(5~7 r/min)、大泵量、稀泥浆(泥浆比重控制在 1.10~1.20 g/cm^3)钻进。

在砂类土或软土层钻进时,易坍孔,宜选用低转速(3~5 r/min)、大泵量、稠泥浆钻进。

测量:钻进过程中应经常测量孔深,并对照地质柱状图随时调整钻进技术参数。

④ 检孔与终孔。

在钻进过程中要坚持常检孔的原则,覆盖层中每穿越一个地层,都要检孔一次。钻孔进入持力层顶面时,应记录顶面埋深及进尺速度并及时采集土样和记录,经设计、监理工程师确认后,才能进入下一道施工工艺。若钻孔深度达到设计高程而且地层与设计提供地质资料相符,则在监理工程师见证下即可终孔。

钻孔应一次成孔,不得中途停顿。钻孔达到设计深度后,应对孔位、孔径、孔深和孔形等进行检查。

⑤ 清孔。

钻孔至设计高程后进行清孔。清孔的目的是将孔底的钻渣及其沉淀物清除掉,尽量减少孔底沉淀厚度,孔底沉淀厚度不大于 5 cm。终孔后及时清孔,不得停歇过久,以免使泥浆、钻渣沉淀增多而造成清孔工作的困难甚至坍孔。第一次清孔时利用钻机通过换浆进行清孔。清孔将钻头提升 20~30 cm,慢速空转并配用优质泥浆进行,时间不小于 1 h。第二次清孔在导管下放完成后进行。清孔后及时测量沉渣厚度,及时组织下步工序,确保灌注水下混凝土前沉渣不超过允许值,不许用加深钻孔代替清孔。

在清孔过程中,要随时调整泥浆,使其达到清孔的泥浆指标。清孔泥浆指标见表 3.2。待泥浆泵出口泥浆的含砂率小于 2%、相对密度小于 1.05~1.15 时,即可终止清孔。

表 3.2 清 孔 标 准

项 目	相对密度	粘度(s)	含砂率(%)	pH	胶体率(%)
数 值	1.05~1.15	17~20	<2%	8~10	>95

⑥ 成孔质量检查。

孔径和孔形检测:采用超声波检测仪进行。

孔底和孔深检查:采用标准锤检测,测绳必须用经检校过的钢尺进行校核。

成孔质量满足表 3.3 的规定。

表 3.3 成孔质量标准

项 目	标 准
成孔方法	回转式、泥浆护壁
桩径(d)允许偏差	$-0.05d$,$+0.10d$
倾斜率(%)	≤1%

续表 3.3

项　目	标　准
孔底沉淤（cm）	≤设计及规范要求
钻孔中心位置（mm）	30
孔深	≥设计孔深

4. 钻孔事故的预防及处理

（1）坍孔。

坍孔的表征是孔内水位突然下降、孔口冒细密的水泡、出渣量显著增加而不见进尺、钻机负荷明显增加等。

坍孔的预防和处理：在松散粉砂土和淤泥质粉质黏土中钻进时，应控制进尺速度，选用高质量泥浆。发生孔口坍塌时，可立即拆除护筒并回填钻孔，重新埋设护筒再钻。如发生孔内坍塌，判明坍塌位置，回填砂（或黏土）混合物到坍孔处以上 1~2 m；如坍孔严重时应全部回填，待回填物沉积密实后再行钻进。吊入钢筋笼时应对准孔中心竖直插入，严防触及孔壁。

（2）斜孔。

斜孔原因：

钻孔中遇有较大的孤石或探头石；

钻机底座未安置水平或产生不均匀沉陷、位移。

斜孔的预防和处理：

安装钻机时要使底座水平、起重滑轮缘、护筒中心三者在一条竖直线上，并经常检查校正；

遇有较大孤石或探头石时，应设法去除，当去除困难时，应采取技术补救措施进行施工。

（3）扩孔和缩孔。

扩孔比较多见，一般表现为局部的孔径过大。在地下水呈运动状态、土质松散地层处或钻头摆动过大时，易于出现扩孔。扩孔发生原因与坍孔相同，轻则为扩孔，重则为坍孔。若仅孔内局部发生坍塌而扩孔，钻孔仍能钻到设计深度则不必处理；若因扩孔后继续坍塌影响钻进，则应按坍孔事故处理。

缩孔即孔径超常缩小，一般表现为钻机钻进时发生卡钻，出现提不出钻头或者提钻异常困难的迹象。缩孔原因有两种：一种是钻头焊补不及时，严重磨耗的钻头往往钻出较设计桩径稍小的孔；另一种是由于地层中有软塑土（俗称橡皮土），遇水膨胀后使孔径缩小。为防止缩孔，前者要及时修补磨损的钻头；后者要使用失水率小的优质泥浆护壁并须快速慢进，重复钻 2~3 次，或者使用卷扬机吊住钻头上下、左右反复扫孔以扩大孔径，直至使缩孔部位达到设计孔径要求为止。

（4）掉钻落物。

掉钻落物的原因：卡钻时强提强扭，操作不当，使钢丝绳超负荷或疲劳断裂；钢丝转向套等焊接处断开；钢丝绳与钻头连接处的绳卡数量不足或松弛；钢丝绳过度陈旧，断丝太多，未及时更换；操作不慎，落入扳手、撬棍等物。

预防措施：开钻前应清除孔内落物，零星铁件可用电磁铁吸取，较大落物和钻具也可用冲抓锥打捞，然后在护筒口加盖。

3.3.2 旋挖桩机成孔方法

1. 旋挖钻机的工作原理

旋挖钻机的工作原理是首先通过底部带有活门的桶式钻头回转破碎岩土，并直接将其装入钻斗内，然后再由钻机提升装置和伸缩钻杆将钻斗提出孔外卸土，这样循环往复，不断地取土卸土，直至钻至设计深度。

2. 旋挖钻机的工艺优点

与传统的正反循环钻机相比，旋挖钻机具有以下工艺优点：

（1）成孔速度快。旋挖钻机钻杆为伸缩式钻杆，提钻速度快，有效地保证了工程进度。

（2）移位方便。旋挖钻机为液压履带式伸缩底盘，可将钻机方便地移动到所要到达的位置，保证了整机稳定性及良好的机动性能。

（3）定位速度快且定位准确度高。开孔前通过人工指挥钻头中心对准桩位，再由机械手将对应坐标设置为轴心坐标；施工过程中，操作手在驾驶室内利用先进的电子设备就可以精确地实现对位，使钻机达到最佳钻进状态。

（4）钻孔深度、垂直度可自动检测及控制。因钻机自身自动化程度高，钻孔深度和垂直度可由电子系统控制并在荧屏上实时显示。

（5）孔壁不易产生泥皮。在成孔过程中孔壁一直都受钻斗的刮擦，对泥浆护壁效果有一定的影响。

（6）成孔后沉渣少。旋挖钻机成孔采用静态泥浆护壁，钻渣通过旋挖斗提出，故沉渣量很小。

（7）安全、环保特点突出。整机采用全液压传动，运转平稳、振动小、噪声低，大大减轻了操作工作强度；钻孔过程不用循环泥浆，使用的泥浆可以循环利用，钻渣通过提升旋挖斗时和泥浆分离后运走，施工现场较为整洁干净。

3. 旋挖钻的施工方法

采用 SR150C 型旋挖钻机，使用泥浆护壁，正循环钻进、反循环提土工艺，导管法灌注水下混凝土。

因工程的地层多为砂层，地质条件特殊，为保证旋挖钻钻孔桩施工质量及掌握施工控制参数，在旋挖钻施工前，先进行旋挖钻试成桩施工。试成桩施工结束后，对施工参数数据（泥浆比重、钻进成孔记录、孔位垂直度、孔径、桩的入岩深度和混凝土的充盈系数）进行整理和分析。

钻孔桩净间距为 50 cm，为保证混凝土浇筑后不受扰动，相邻桩位的开钻时间不小于 24 h，采取跳孔施工，三孔一跳、五孔一循环的施工方式。

4. 旋挖钻施工工艺流程

测量放线→旋挖机就位→设置护筒→钻进→一清→吊放钢筋笼→插入导管→二清→灌注水下混凝土→拔出护筒→下一循环

测量放线、设置护筒、清孔、吊放钢筋笼、插入导管及灌注混凝土、拔出护筒参见上节钻机钻进成孔中相关内容，不再赘述。本节仅简述旋挖机就位及钻进作业流程。

钻机就位时，要事先检查钻机的性能状态是否良好，保证钻机工作正常。桩位附近平整后，把钻机开到桩位旁，使螺旋钻头的尖端正对桩位标注点。钻机停位回转中心距孔位在 3～4.5 m。在允许的情况下，变幅油缸尽可能将桅杆缩回，这样可以减小钻机自重和提升下降脉动压力对孔的影响。此外，还应检查在回转半径范围内是否有障碍物影响回转。

钻进成孔、旋挖成孔。首先是动力头转动底门镶嵌斗齿的桶式钻斗切削岩土，并将原状岩土装入钻斗内，然后再由钻机卷扬机和伸缩钻杆将钻斗提出孔外卸土。这样循环往复，不断地取土卸土，直至钻至设计深度。对黏结性好的强（弱）风化岩土层，可采用干式或清水钻进工艺，无须泥浆护壁。对于松散易坍塌（砂层、淤泥质层）地层，或有地下水分布，孔壁不稳定，必须采用泥浆护壁钻进工艺。

成孔中，按试成桩确定的参数进行施工，记录成孔过程的各种参数，如钻进深度、地质特征、机械设备损坏、障碍物等情况。记录必须认真、及时、准确、清晰。

旋挖钻机配备电子控制系统显示并调整钻进时的垂直度。通过电子控制和人工观察两个方面来保证钻杆的垂直度，从而保证了成孔的垂直度。

钻孔过程中根据地质情况控制进尺速度：对黏土层采用快转速钻进，以提高钻进效率；砂层则采用慢转速慢钻进并适当增加泥浆比重和粘度；风化岩层应采用慢转速慢钻进，防止钻机振动过大，影响成孔垂直度；在易缩径的地层中，应适当增加扫孔次数，防止缩径。

钻进岩力层，回转进尺深度太小、斗内钻渣太少时，可换用小直径筒形齿状钻斗，先钻一小孔，然后再用钻斗扩孔钻进；也可换用短螺旋钻进，然后再下钻斗捞渣。钻进速度应根据土层情况、孔径、孔深、钻机负荷以及成孔质量等具体情况确定。在砂砾、砂卵、卵石地层中钻进时，为保护孔壁稳定，可事先向孔内投入适量黏土球。下入孔内的钻头，其底盘进渣口必须安装闭合阀板，以防提钻时砂砾石从底部漏落孔内。

桩尖沉渣厚度控制：为确保桩底沉渣厚度不超标，除要求泥浆性能好之外，施工过程还需控制不同地层的钻进速度，特别是进入粉砂层时，每次旋挖不能太多，以防止砂子从钻头顶口冒出进入泥浆。

特殊地层的成孔措施：对容易缩径的地层，钻进时需放慢速度，每次进尺保证在 30～40 cm，反复扫孔，直至达标。

3.3.3 人工挖孔成孔方法

受地形、周边房屋、地基土层的影响，桩基施工时回转钻机、旋挖钻机、冲击钻机施工存在着一定的难度。因此，部分桩基采用人工挖孔桩施工方法是现实且可行的方法。

当人工挖孔到一定深度或出现比较大的水渗流或人工挖不下去（或挖孔速度很慢）时，再改换成钻机回转法或冲击法施工。

1. 挖孔适宜条件

（1）无地下水或少量地下水。

（2）孔径大于1.0 m，孔深不超过25 m，且地质为密实的土层或风化岩层，无明显坍塌的土层。

（3）钻机设备无法进去且安装困难的复杂地形和钻孔泥浆循环系统无法建立的困难地段。

（4）孔内产生的空气污染物不超过《环境空气质量标准》（GB 3095）规定的三级标准浓度限值。

2. 人工挖孔施工

场地平整、施工放样、吊放钢筋笼、验孔方法同回转钻机钻进成孔，不再赘述。本节仅简述锁井口、开挖、护壁、干法灌注混凝土。

（1）锁井口。

井口采用与钻孔桩同级别的混凝土。井圈宽度200 mm，高度100 mm，井口直径比孔径大120 mm。

井口选用护壁厚度为100 mm的C25混凝土，第一节井壁高1 000 mm，配箍筋ϕ6.5@250，竖向钢筋ϕ6.5@250。

井口高出施工面200~300 mm，防止水、物体坠落井内。

（2）开挖。

① 成孔开挖采用二人一组配合，两个人保证上下联系通畅。

② 每天施工前，安排下井人员对已做护壁进行检查，在无异常的情况下，才能进行下模成孔的开挖。

③ 挖土由人工从上到下逐层用镐、锹进行，遇坚硬土层用锤、钎破碎。当填土层中有大块石时，用风镐破除。挖土顺序为先中间后周边，按设计桩径加两倍护壁厚度控制截面大小，弃土装入吊篮，垂直运输到地面，运出。相邻两桩不得同时施工，应隔桩交错进行。

④ 挖孔应穿过上部杂填土。如遇坚硬或埋藏太深的地下障碍物，如老桩，清除困难，则停止开挖，钻孔灌注桩改用冲击法成孔。

⑤ 当挖孔深度超过10 m时，用鼓风机和输风管向桩孔中送新鲜空气。

⑥ 提渣采用简易的提升卷扬机和吊桶。出渣方式：卷扬机提升到桩顶，倾倒于小推车中，由小推车运到弃土场。

（3）护壁。

混凝土护壁的结构形式采用斜阶形，上面厚150 mm，下面厚100 mm，单元高1.0 m。混凝土强度等级采用C25，上下段护壁的搭接长度取50 mm。施工要点如下：

① 混凝土护壁采用模板施工。

② 主筋采用ϕ6.5圆钢，间距200~250 mm，上端50 mm弯钩，插入下层护壁≥250 mm，使上下主筋有拉结，这样可防止护壁因自重而断裂。

③ 拆模时间宜大于72 h。

④ 混凝土护壁卵石粒径小于20 mm，坍落度为60~80 mm。

⑤ 当遇到易塌方、开挖困难的地层时，可采取如下方法护壁：减少每次开挖深度至30~50 cm，

紧贴孔壁用竹片作肋筋下插；然后用竹篾作缠筋沿竹片外围缠绕，篾片与篾片之间紧靠，这样土中的水能及时排出，避免孔壁塌落；接着进行支模和浇筑混凝土。一般护壁的最小厚度为 80 mm。

（4）干法灌注。

经检测，成孔孔径、孔深及孔底沉渣符合设计及规定要求，在无水条件或有渗水但渗水量不大且可排干的情况下，可干法灌注混凝土。

干法灌注混凝土要点：

① 清基要彻底，孔底松散的岩石、石屑、泥块等要清理干净。

② 混凝土入孔要使用串桶，自由落下高度不得超过 2 m。

③ 混凝土要分层灌注，每层灌注厚度不得大于 50 cm。

④ 振捣要密实。必须人工下到孔底进行振捣。振捣时，振动棒不能直接插到护壁，防止护壁破损，导致孔壁坍塌。

⑤ 混凝土要一次灌注完成，如因意外，严格按施工缝进行处理。

⑥ 超出地面部分的桩身混凝土，灌注完成后，要进行养生。

（5）挖孔桩安全施工措施。

① 设计桩长大于 15 m 时，要加强通风和安全措施。经常检查孔内的二氧化碳含量，如超过 0.3% 或孔深超过 10 m 时，要采用机械通风。

② 井口围护要高出地面 0.2～0.3 m，不得使井孔土、石、杂物坠入伤人。挖孔工作暂停时，孔口要有效加盖，防止施工人员和外来人员坠入孔中。

③ 孔口四周严禁堆放材料机具，弃土远离孔口 3 m，孔口四周设置 1.2 m 高围栏，3 m 内严禁重车和大型机械设备通过。

④ 挖孔时，如有渗水，要先排水后挖孔。孔内排水不干，要采取止水措施，否则不能继续挖孔。

⑤ 孔内施工人员要配戴安全帽、救生绳，孔内悬挂软梯。

⑥ 提起土渣的吊桶、钢丝绳（麻绳）、吊钩等要经常进行检查，发现问题及时处理。

⑦ 上下作业人员要保证信号明确、明白，双方互相知晓。上面作业人员不得离开孔口，上下联系有条件的可使用对讲机。

⑧ 当遇到大量渗水或遇到孔内有障碍物，人工挖孔难以为继时，改人工挖孔为钻进成孔或冲击锥成孔。

3.3.4 冲击成孔方法

冲击锥作为处理桩孔内有障碍物时的辅助手段。当人工挖孔、回转钻进成孔及旋挖钻进成孔遇有障碍物不能继续作业时，改为冲击锥成孔。

冲击式钻机或卷扬机悬吊冲击钻头（又称冲锤）上下往复冲击，将障碍物破碎，部分碎渣和泥浆挤入孔壁中，大部分成为泥渣，用掏渣筒掏出成孔，然后再灌注混凝土成桩。

人工挖孔、回转钻机成孔、旋转钻机成孔遇障碍物且无法排除，继续施工困难时，改用冲击成孔方法。

冲击成孔流程及方法：

（1）人工挖孔、回转钻机成孔、旋转钻机成孔遇障碍物且无法排除，继续施工困难时，经监理工程师对该孔进行确认后，撤除孔口设备，对孔口暂时进行覆盖保护。

（2）向孔内回填黄黏土至井孔为止，回填必须密实，回填后 24 h 不能冲孔。

（3）在桩孔位平整场地、夯实基础，以保证冲孔时不发生倾斜和下沉而影响成桩质量；然后安装冲击钻或冲锤。

（4）冲孔时要随时检查钢丝绳回弹情况，耳听冲击锥的冲击声，以判断孔底情况。冲孔时，应遵循勤松动、少量松绳的原则。冲击过程中要勤抽渣、勤检查钢丝绳和冲锤的磨损程度，预防安全质量事故发生。

（5）掏渣时，及时向孔中补浆或补水。在冲击过程中向孔内投抛黄黏土时，不要一次投得太多，防止糊钻。

（6）为防止冲击振动使邻孔坍塌或影响邻孔已浇筑混凝土的质量，必须等邻孔混凝土达到一定强度后才能开始冲孔，开始冲孔易采用小冲程。

（7）冲孔到达设计标高后，清孔掏渣，当成孔条件具备后经检验孔达到设计及规范要求后浇筑混凝土。

3.3.5 格构柱施工

立柱桩兼抗拔桩由立柱桩和格构柱两部分组成。

1. 格构柱的制作

（1）格构柱材料为 Q235A 钢，焊条采用 E43 型。

（2）格构柱由 2 根 C250b 槽钢及 260×200×12 缀板焊接而成。缀板间距 600 mm。

（3）格构柱焊接工艺严格遵照《钢结构工程施工质量验收规范》（GB 50205—2001）执行，焊缝高度为 8 mm。

（4）格构柱顶封头板按设计要求预留中孔及预留钢筋孔洞，钢筋孔洞便于与顶圈梁上钢筋焊接。

（5）格构柱制作完成，经检测合格后，分批运输到工地。

2. 格构柱的安装

格构柱以 $\phi 1\,000$ mm 钻孔灌注桩为立柱桩，格构柱插入钻孔灌注桩的深度为 2 m（桩顶设计标高下 2 m），插入深度应严格控制，误差小于 5.0 cm。

立柱桩垂直误差≤$h/300$（h 为基坑开挖深度），格构柱平面定位误差≤2 cm。格构柱与立柱桩主筋 N1 要焊接牢固，与钢筋笼一起吊放垂直入孔。格构柱与至少 4 根主筋对称焊接，以保证格构柱置于孔中并承受格构柱重力不变形。格构柱安装到位后，调整格构柱中心与孔中心一致，将格构柱用钢筋与钢护筒焊接，以确保在灌注水下混凝土时位置正确。

3. 施工注意事项

有格构柱的桩基，灌注水下混凝土时，导管从格构柱顶部开孔处插入，因此，开孔尺寸必须大于导管+抱箍直径。

格构柱的标高必须严格控制，顶部要与顶圈梁密贴，并预埋 4 根 ⌀25 钢筋，伸入顶圈梁内，伸入长度为 500 mm。

3.4 瀺江高压旋喷止水帷幕施工技术

1. 围护结构止水帷幕旋喷桩

止水帷幕桩位于两根钻孔灌注桩间,与钻孔灌注桩在一轴线上,桩径1 000 mm,间距1 500 mm。止水帷幕旋喷桩桩底要求进入强风化泥质粉砂岩至少0.5 m。止水帷幕桩桩长约10.5~19.2 m。

围护结构止水帷幕采用二重管旋喷桩止水墙,清水压力应大于35 MPa,气压应大于0.7 MPa(空压机容量应大于9 m³),水泥浆压力应大于1.5 MPa,采用32.5 R级普通硅酸盐水泥,水灰比应小于1.0。旋喷桩钻杆提升速度不得大于15 cm/min。

2. 旋喷桩地基加固处理

地基加固处理采用旋喷桩施工,地基加固位于箱涵结构底板下。

(1)施工时应保证桩底进入强风化泥质粉砂岩至少0.5 m,平均桩长5 m。

(2)旋喷桩施工顶面宜比箱涵基底高出50 cm,施工箱涵垫层时,应将桩上部质量较差段截去。

(3)旋喷桩直径为1 000 mm。

(4)处理后复合地基承载力特征值$f_a \geqslant 150$ kPa。

3. 旋喷桩加固

旋喷桩加固位于箱涵侧墙边,旋喷桩底在箱涵结构底标高下一定距离,起保护侧向土稳定的作用,便于基坑开挖。

旋喷桩加固宽度从1.0~5.5 m不等。

旋喷桩桩底要求进入强风化泥质砂岩至少0.8 m。

旋喷桩加固桩身水泥土28天龄期抗压强度不小于3 MPa。

4. 施工方案

(1)平整场地。

钻孔灌注围护桩完成后,及时将钻渣、泥浆及混凝土残渣进行清理,将旋喷桩范围内场地平整,进行钻机就位。施工前,选择场地平整、地势较高处设置水泥存放平台,完成高压水泵、泥浆泵、空压机布置及调试工作。

(2)钻孔。

钻孔直径为110 mm。钻机安放在设计的孔位上,偏差不得大于50 mm,钻杆轴线应垂直对准钻孔中心。

严格控制钻孔的孔位、孔深、孔径和钻孔顺序、垂直度。严格按照次序、分序进行灌浆,钻孔力求铅直,孔斜率控制在1%以内,终孔深度进入基岩满足设计要求。

(3)下注浆管。

成孔后,即可下注浆管到设计深度。在下管过程中,为防止泥沙堵塞喷嘴,可边射水、边下管,但水压力一般不高于1 MPa,以防射塌孔壁。

(4)制浆。

灌浆所用的水泥为普通硅酸盐水泥,其水泥强度等级为P·O 32.5R。搅拌机采用立式搅浆桶,上面为高速,下面为低速,采用集中制浆。

材料称重：水泥等固体材料应采用重量称量法，称量误差应小于 5%。

浆液搅拌：浆液必须搅拌均匀，测定浆液密度和黏滞度等参数，并做好记录。纯水泥浆液在使用前要用比重计检查或用比重秤进行称重，不符合要求的浆液要重制。

储存：纯水泥浆从开始制备至用完宜小于 4 h。

制浆时，应有专门技术人员进行浆液比重的控制，每一次注浆应测比重一次，并随时如实记录好制浆记录。

5. 喷射注浆作业

将注浆管贯入预定深度后，即可自下而上进行喷射作业。施工过程中，必须时刻注意检查浆液的初凝时间、注浆流量、风量、压力、旋转提升速度等参数是否符合设计要求，并随时做好记录。

当注浆管不能一次提升完成而需分数次卸管时，卸管后喷射的搭接长度不得小于 100 mm，以保证固结体的整体性。

注浆时，喷嘴下放到入孔底 0.5 m 处，开始静喷直至回浆达到设计回浆比才能提升。遇到不返浆或返浆量较小及回浆比重达不到 1.25 的情况，应停止或减慢提升速度。直到回浆正常，回浆比重达到规定要求，才能恢复正常的提升速度。如有中途停喷、送浆中断或是中途设备出现异常必须停喷的情况，应将喷杆起出，并且测量出已喷桩头的位置。待故障排除后重新放喷杆起出并且测量，已喷杆必须放到比原来桩头位置至少深入 0.5 m 开喷，以防桩头断桩现象，影响防渗效果，达不到要求应重新用钻机进行扫孔。

6. 回填注浆

封孔回填灌浆是保证防渗墙质量的最后关键。当喷射完毕后，随时用回浆池内的浆液作静压灌浆即可移机，同时做到随沉随补，直到浆液不再析水下沉为止。

7. 旋喷桩施工参数选择

影响旋喷桩强度及抗渗性能的主要因素有：地基土层性质、水泥用量、搅拌水泥土的均匀性、施工深度等。对于特定土层条件，主要是控制好水泥用量及水灰比，确保一定的泵送压力，合理选择下沉与提升速度，使得形成的复合桩体满足设计所规定的强度和抗渗要求，从而保证基坑开挖过程中的稳定性。施工中须加强各主要施工参数的控制：

水泥渗入比：30%（由试验确定）

供浆流速：140～160 L/min

浆液水灰比：1.5～2.0（水泥强度等级 P·O 32.5R）

泵送压力：1.5～2.5 MPa

气体压力：0.7 MPa

清水压力：35 MPa

下沉速度：<1 m/min

提升速度：<15 cm/min

28 天无侧限抗压强度：≥3.0 MPa

水泥浆的比重：1.29～1.37

每立方米土体水泥用量：418 kg

3.5 降水施工方案

为了加固基坑内和坑底下的土体、提高坑内土体抗力,从而减少坑底隆起和围护结构的变形量、防止坑外地表过量沉降,并方便挖掘机和工人在坑内施工作业,在基坑开挖前20天须进行井点降水,水位在基坑开挖时须降至坑底以下1 m。

3.5.1 大口径深井井点施工流程

大口径深井井点施工工序如图3.3所示。

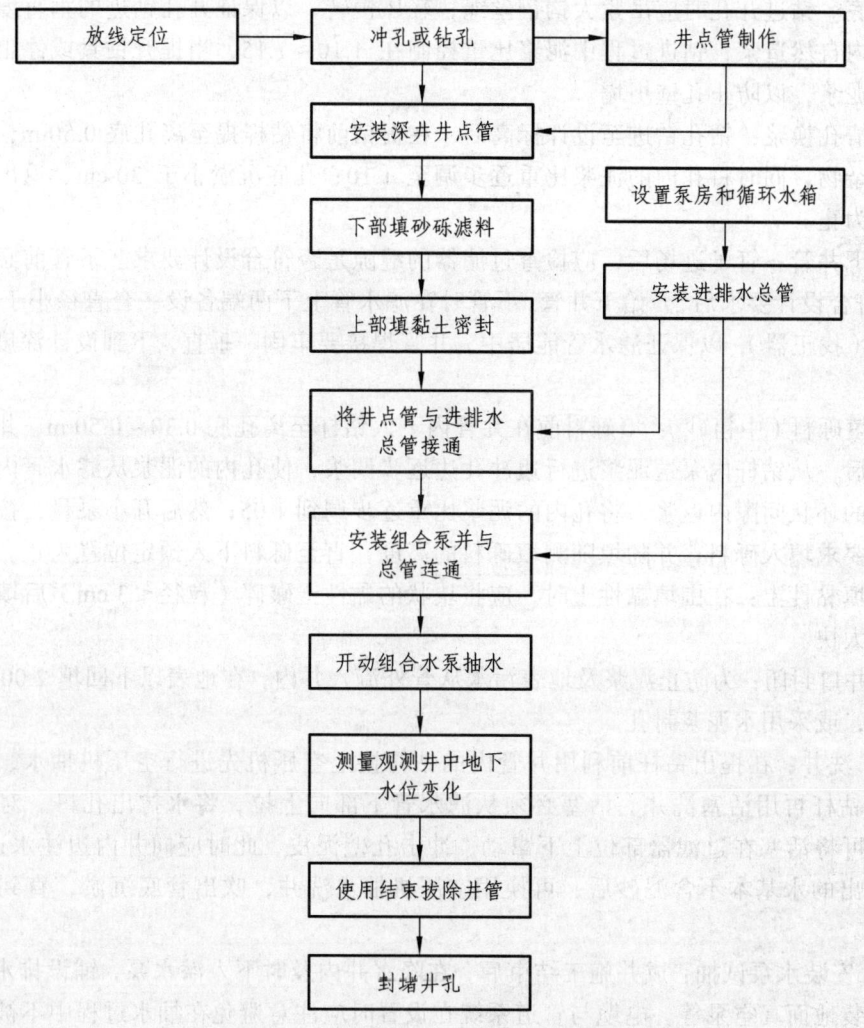

图3.3 大口径深井井点施工流程图

3.5.2 成孔施工工艺与技术要求

成孔采用正循环回转钻进泥浆护壁的成孔工艺及下井壁管、滤水管，围填填砾、黏性土、止水等成井工艺。成井工艺流程如下：

（1）测放井位：根据降水井井位平面布置图测放井位，当布设的井点受地面障碍物或施工条件的影响时，现场可作适当调整。

（2）埋设护口管：护口管底口应插入原状土层中，管外应用黏性土或草辫子封严，防止施工时管外返浆，护口管上部应高出地面 0.10~0.30 m。

（3）安装钻机：机台应安装稳固水平，大钩对准孔中心，大钩、转盘与孔的中心三点成一线。

（4）钻进成孔：降水井与混合井的开孔孔径为 600 mm，降压井的开孔孔径为 700 mm，均一径到底。钻进开孔时应吊紧大钩钢丝绳，轻压慢转，以保证开孔钻进的垂直度，成孔施工采用孔内自然造浆，钻进过程中泥浆比重控制在 1.10~1.15，当提升钻具或停工时，孔内必须压满泥浆，以防止孔壁坍塌。

（5）清孔换浆：钻孔钻进至设计标高后，在提钻前将钻杆提至离孔底 0.50 m，进行冲孔清除孔内杂物，同时将孔内的泥浆比重逐步调至 1.10、孔底沉淤小于 30 cm、返出的泥浆内不含泥块为止。

（6）下井管：管子进场后，应检查过滤器的缝隙是否符合设计要求。下管前必须测量孔深，孔深符合设计要求后，开始下井管，下管时在滤水管上下两端各设一套直径小于孔径 5 cm 的扶正器（找正器），以保证滤水管能居中。井管焊接要牢固、垂直，下到设计深度后，井口固定居中。

（7）填砾料（中粗砂）：填砾料前在井管内下入钻杆至离孔底 0.30~0.50 m，井管上口加闷头密封后，从钻杆内泵送泥浆进行边冲孔边逐步调浆，使孔内的泥浆从滤水管内向外由井管与孔壁的环状间隙内返浆，将孔内的泥浆比重逐步调到 1.05；然后开小泵量，按前述井的构造设计要求填入砾料，并随填随测填砾料的高度，直至砾料下入预定位置为止。

（8）填黏性土：在围填黏性土时，应将块状的黏性土碾碎（粒径≤3 cm）后填入，下入速度不宜太快。

（9）井口封闭：为防止泥浆及地表污水从管外流入井内，在地表以下回填 2.00 m 厚的黏性土止水，或采用水泥浆封孔。

（10）洗井：在提出钻杆前利用井管内的钻杆接上空压机先进行空压机抽水，待井能出水后提出钻杆再用活塞洗井。活塞必须从滤水管下部向上拉，将水拉出孔口。对出水量很少的井，可将活塞在过滤器部位上下窜动，冲击孔壁泥皮，此时应向井内边注水边拉活塞。当活塞拉出的水基本不含泥砂后，可换用空压机抽水洗井，吹出管底沉淤，直到水清不含砂为止。

（11）安装水泵试抽：成井施工结束后，在降水井内及时下入潜水泵，铺设排水管道、电缆线，安装地面真空泵等。电缆与管道系统在设置时应注意避免在抽水过程中不被挖土机、吊车等碾压、碰撞损坏，因此，现场要在这些设备上进行标识。抽水与排水系统安装完毕，即可开始试抽水。先采用真空泵与潜水泵交替抽水，真空抽水时管路系统内的真空度不宜小于 -0.06 MPa，以确保真空抽水的效果。

（12）抽排水：洗井及降水运行时应用管道将水排至场地四周的明渠内，通过排水渠将水排入场外市政管道中。

3.5.3 降水运行

（1）降水运行应与基坑开挖施工互相配合，降水井的施工应提前基坑开挖1个半月左右，在降水井施工阶段结束后抓紧投入降水运行。应保证基坑开挖时有20天左右的预抽水时间，必要时加真空，使基坑疏干达到较好的效果。

（2）水位降到井底后，可以关泵，然后加上真空，待井内水位上升后就应开泵抽水。

（3）抽水间隙由短至长，每只井抽干后即应停泵，以免电机烧坏。水位上升后应立即开泵，对于出水量较大的井每天开泵抽水次数也应增多。

（4）开挖阶段基坑内的降雨积水应及时抽干。

（5）降水运行阶段对坏掉的泵应及时调泵并修整。

（6）降水阶段尽可能安排在±0.000平台上，如与施工冲突，可随施工进程将井管割到开挖深度进行抽水。

（7）降水运行过程中应切实做好水量记录，对停抽的井应测量水位，及时分析整理资料，绘制各种必要图表，以指导和调整降水运行。

（8）降水运行的注意事项：

① 应做好基坑内的明排水准备工作，当基坑开挖遇降雨时能及时将基坑内的积水抽干。

② 降水运行阶段应经常检查泵的工作状态，一旦发现不正常应及时调泵并修复。

③ 降水运行阶段应保证电源供给，如遇电网停电，应及时采取措施，保证降水效果。

④ 降水工作应与开挖施工密切配合，根据开挖的顺序、进度等情况及时调整降水井的运行数量。

3.6 土方开挖及支撑施工方案

3.6.1 施工准备

（1）准备支撑材料。

基坑支撑采用ϕ609钢管支撑+H型钢围檩。

（2）布置测量网点。

在基坑开挖前，应做好隧道结构的测量网点布置，放出各轴线位置及地面标高，以保证支撑的及时安装和控制挖土标高。

（3）进行技术交底。

在隧道结构施工前，应对全体施工人员进行技术交底，使全体施工人员熟悉并掌握工程所执行的各项技术措施和技术标准。

（4）配备施工设备。

根据隧道结构施工的工作量及工期要求，配备长臂挖机、50 t 吊车及铲车、挖掘机等辅助设备。

（5）检查井点降水效果和地基加固龄期。

井点降水持续 20 天以上，地下水位已降至坑底以下，坑内基底土体加固已有 30 天以上龄期。

3.6.2 基坑开挖

隧道土方开挖主要依靠配备的长臂液压挖掘机进行挖土与垂直土装车外弃。在抓斗挖不到的死角，用人工翻挖，喂给抓斗。

（1）基坑开挖前必须具备以下条件：

① 基坑四周设置合格可靠的安全栏杆、踢脚挡板，防止高空坠物事故的发生。

② 场地周围及基坑内必须有足够的照明度。

③ 基坑四周不准堆放杂乱零散物质，确保施工人员行走安全，严防杂物滚落坑内伤及作业人员。

④ 现场必须具备足够的钢支撑。

（2）开挖施工。

① 在开挖前应将分层位置、深度、各道支撑标高作图示意，使施工人员做到心中有数，以控制挖土深度，严禁超挖回填土。

② 隧道开挖施工必须遵循"先端部、后中间"的原则，即挖土施工先将端头井斜撑位置土体挖出，放出坡后挖中间段。在中间段挖土中也必须分层、分小段开挖，随挖随撑，每批深度控制在 1.50 m 左右。

③ 挖每层时，土坑底面都要大致平整，抓斗要有规律地从北到南（或从南到北）挖土。

④ 每层挖土前，先在前面 15.0 m 左右设一超前集水井（500 mm×500 mm×1 000 mm）作为基坑内排水之用；如遇暴雨季节，应增设集水井，并应迅速排除坑内积水，使基坑始终处于无水状态。

⑤ 挖至最后一层土层时应特别注意，当机械挖土离底板标高 300 mm 范围时，一律改用人工修整坑底，并及时排除积水，保证底板砂垫层能铺在原状土上。

⑥ 随挖土深度及时凿除凸混凝土、积土，对支撑腹下残留的陡峭土尖应及时清除，防止倒塌伤人事故。

⑦ 由于井内支撑较密、施工间隙小，要求挖土有专人负责指挥，分批分层开挖，抓斗上、下避免碰撞支撑或伤人。

3.6.3 基坑支撑

钢支撑安装的质量直接影响到工程安全和施工人员的安全，对于工程质量和地表沉降有着至关重要的作用，必须引起高度重视。

（1）隧道基坑支撑为$\phi 609$的钢支撑，钢支撑进场后，应有专人负责，以免搞错规格。

（2）钢支撑进入施工现场后都应作全面的检查验收，要切实保证质量，进行试拼装，不符合要求的坚决不用。

（3）对预应力油泵装置要经常检查，使之运行正常，使量出的预应力值准确，每根支撑施加的预应力值要记录备查。

（4）钢管支撑连接螺栓一定要全数栓上，不能减少螺栓数量，以免影响钢支撑的拼接质量。

（5）必须等结构混凝土达到强度、满足换撑条件后方可逐步拆除支撑。

3.6.4 基坑开挖与支撑的技术要求

（1）在整个隧道基坑开挖与支撑施工中，应对围护桩的变形和地层移动进行监测，内容包括围护桩变形观测及沉降观测、斜撑轴力的测试和邻近建筑物沉降观测。要求每天都有日报表，及时反馈资料指导施工。

（2）基坑开挖前须在围护结构防水薄弱位置增设止水帷幕，在基坑开挖过程中注意观察围护结构渗漏水现象，并针对渗漏水程度采取相应堵漏措施。

（3）为把围护结构变形值及变形速率控制在规定范围内，施工中须加强施工监测，严格信息化施工管理，并根据监测反馈信息采取如下防范措施：

① 合理组织生产，优化资源配置，加快支撑施工速度，钢筋混凝土角撑采用早强混凝土以起到快撑的目的；

② 根据情况适当缩小水平分段长度，减少基坑敞开范围，缩短工序转换时间，必要时可采取抽槽开挖的方式；

③ 现场准备一定数量的$\phi 609$备用钢管支撑，当发现围护结构变形过大（或变形速率过快）时，可采用双拼钢管支撑形式，以防围护结构变形加大；

④ 必要时停止开挖并往坑内回填土以防围护结构变形加大；

⑤ 基坑周边禁止重物堆载，所开挖出的土方必须及时清理干净。

（4）为防止开挖过程中边坡失稳，须对边坡进行稳定性分析并采取如下防护措施：

① 严格控制边坡坡度≤1:3，必要时可在坡腰位置设置平台以提高边坡稳定性；

② 加强基坑降水观测和管理，确保基坑降水效果；

③ 坡顶设置临时截水沟拦截地表水；

④ 专人负责修坡和清除坡面浮土，下雨时采取遮盖坡面防雨水冲刷、浸蚀；

⑤ 坡底设集水坑置泵及时抽除积水。

（5）圈梁施工时，在挡土墙顶设置30 cm宽、20 cm高的踢脚石，并在便道外侧修筑30 cm宽、30 cm深的排水明沟，及时将地表明水引排，经沉淀处理后纳入就近市政排水系统。

（6）在坡面设置纵横向临时排水沟，坡底设临时集水井，用3PN水泵及时将坑底积水抽排至坑外，经沉淀处理后纳入就近市政排水系统。

3.7 箱涵及U形槽结构施工方案

3.7.1 施工准备

（1）施工前需对施工图进行审查，并编制作业指导书，对操作工人交底后下发给施工班组。
（2）施工前应提前做好材料计划，现场应储备一定量的钢筋及周转材料。

3.7.2 素混凝土垫层铺筑

（1）素混凝土采用C25泵送商品混凝土，由混凝土泵车布料杆直接卸料到坑底，人工铺平振实。
（2）在底板内利用ϕ250井管进行排水。

3.7.3 结构施工

1. 钢筋工程

钢筋现场绑扎的准备工作：

核对成品钢筋的钢号、直径、形状、尺寸和数量等是否与料单料牌相符，如有错漏，应予以纠正。

准备绑扎用的铁丝、绑扎工具（如钢筋钩、带板口的小撬棍）、绑扎架等。钢筋绑扎用的铁丝，可采用20～22号铁丝（火烧丝）或镀锌铁丝（铅丝），其中22号铁丝只用于绑扎直径12mm以下的钢筋。

准备控制混凝土保护层用的水泥砂浆垫层。水泥砂浆垫块的厚度，应等于保护层厚度。垫块的平面尺寸：当保护层厚度等于或小于20mm时为30mm×30mm，大于20mm时为50×50mm。当在垂直方向使用垫块时，可在垫块中埋入20号铁丝。

钢筋的绑扎：

钢筋搭接长度的末端与钢筋弯曲处的距离，不得小于钢筋直径的10倍。接头不宜位于构件最大弯矩处。

受拉区域内，Ⅰ级钢筋绑扎接头的末端应做弯钩，Ⅱ、Ⅲ级钢筋可不做弯钩。

直径≤12mm的受压Ⅰ级钢筋的末端，以及轴心受压构件中任意直径的受力钢筋的末端，可不做弯钩，但搭接长度不应小于钢筋直径的30倍。

钢筋搭接处，应在中心和两端用铁丝扎牢。

绑扎接头的搭接长度应符合规定要求。

钢筋接头的位置，应根据来料规定，结合有关接头位置、数量的规定，使其错开，在模板上画线。

梁、板、柱等类型较多时，为避免混乱和差错，对各种型号构件的钢筋规格、形状和数量，应在模板上分别标明。

绑扎形式复杂的结构部位时，应先研究逐根钢筋穿插就位的顺序，并与模板工联系讨论支模和绑扎钢筋的先后次序，以减少绑扎困难。

2．模板工程

（1）模板的质量要求。

模板质量好坏直接影响结构混凝土质量，所以应严格控制模板质量。

模板必须有足够的厚度以保持不变形。

混凝土外露面的木模板，必须以厚度均匀的刨光板制作，制成的模板必须不漏浆。

模板应做到在拆卸时不致损坏混凝土。

（2）模板安装。

装模板前，必须先由放样员定出模板安装线，保证各结构部位位置正确。

除内拉杆外，模板的固定装置或支撑物不应设在已完成的混凝土中。

模板内金属拉杆或锚杆，应设置在距表面至少 50 mm 的深度处。

混凝土外露表面的模板接缝，应做成一种有规则的形式，水平和垂直线条一直连贯每个结构物，所有的施工缝应同这些水平和垂直线条相重合。

墙身模板采用拉条螺丝固定时，拉条螺丝须带有止水片，焊接在围护桩的纵向钢筋上。

（3）模板监护。

浇注混凝土前，模板必须清理干净，底部应完全没有锯末、刨花、铁锈、污垢、泥土或其他杂物。

浇注混凝土前或浇注中，模板出现任何不良情况时，应停止施工，直到缺陷被改正为止。严格防止"跑模"现象发生。

（4）模板拆除。

模板的拆除，应保证不致由此引起混凝土的损坏。在混凝土未达到足够的强度前不得拆模。

不承重的垂直模板，应在混凝土的强度能保持其表面和棱角不因拆除模板而损坏时，或在混凝土强度超过 2.5 MPa 时方可拆除。

承重模板应在混凝土的强度能承受自重时方能拆除。

3．脚手架搭设

（1）脚手架搭设应有适当的宽度（或面积）、步架高度、离墙距离，能满足工人操作、材料堆置和运输的需要。

（2）脚手架应具有稳定的结构和足够的承载能力，能保证施工期间在可能出现的使用荷载（规定限值）的作用下不变形、不倾斜、不摇晃。

（3）认真处理脚手架地基，确保脚手架的搭设质量。严格控制使用荷载，确保有较大的安全储备。

（4）加强脚手架使用过程中的检查，发现问题应及时解决。

（5）脚手架搭设中应注意：

① 按照规定的构造方案和尺寸进行搭设。

② 注意杆件的搭设顺序。
③ 及时与结构拉结或采用临时支顶，以确保搭设过程的安全。
④ 拧紧扣件（拧紧程度要适当）。
⑤ 变形的杆件和不合格的扣件（有裂纹、尺寸不合适、扣接不紧等）不能施工。
⑥ 搭设工人必须佩挂安全带。
⑦ 随时校正杆件垂直和水平偏差，避免偏差过大。
⑧ 没有完成的脚手架，在每日收工时，一定要确保架子稳定，以免发生意外。

4. 混凝土浇筑

主体混凝土浇筑分2次浇筑，先底板及钢支撑处侧墙浇筑，然后再浇剩余的侧墙加顶板（详见主体混凝土施工专项方案）。

（1）浇筑混凝土时，应注意防止混凝土的分层离析。混凝土由料斗、漏斗内卸出进行浇筑时，其自由倾落高度一般不宜超过 2 m；在竖向结构中浇筑混凝土的高度不得超过 3 m，否则应采用串筒、斜槽、溜管等下料。

（2）浇筑竖向结构混凝土前，底部应先填以 50~100 mm 厚与混凝土成分相同的水泥砂浆。混凝土的水灰比和坍落度，应随浇筑高度的上升，酌予递减。

（3）浇筑混凝土时，应经常观察模板、支架、钢筋、预埋件和预留孔洞的情况，当发现有变形、移位时，应立即停止浇筑，并应在已浇筑的混凝土凝结前修整完好。

（4）在浇筑与柱和墙连成整体的梁和板时，应在柱和墙浇筑完毕后停歇 1~1.5 h，使混凝土获得初步沉实后，再继续浇筑，以防止接缝处出现裂缝。

（5）梁和板应同时浇筑混凝土。较大尺寸的梁（梁的高度大于 1 m）、拱和类似的结构，可单独浇筑，但施工缝的设置应符合有关规定。

（6）施工缝的表面应凿毛至露出集料，但不伤及集料和接缝的边棱。凿好后的表面应用清水洗刷干净，除去松散的颗粒。

（7）拆除模板后，应立即将外露面的毛边和不规则的突出部分从表面清除。在所有表面上，由于模板拉杆形成的凹穴或所有其他孔眼、破碎边角以及其他缺陷都应彻底清洗，并在用水浸透后，使用与被修整混凝土强度等级相同的水泥砂浆填塞和修整。使用的砂浆龄期不超过 1 h。

3.8 回填施工技术

B1、B2 线用明挖的形式修筑隧道，两线之间最宽的地方有 8 m，深度达到 14 m，如图 2.20 所示，需要回填构筑新的路面，两线间回填土方量近 6.5 万立方米。采用合理的措施减轻结构物和填土之间的不均匀沉降，以保证后期路面的稳定和结构的耐久性。

3.8.1 回填方案和回填施工技术

施工方案由附加防水方案+上下隔水层+中间回填中粗砂+局部双液注浆加固+抗浮处理组成。

该方案优点：

（1）工艺比较简单，实施比较方便。

（2）投入较小，成本低廉，经济效益显著。

（3）相对而言，施工速度快。

该方案不足：

（1）基坑底排水困难，大量充填水、雨水排不出，包裹在砂粒层中，埋下渗透水隐患。

（2）压实度不好控制，成型后路基沉降难以克服，不利日后运营管理。

（3）施工正值雨季（四、五、六月间），红黏土回填施工相当困难。

回填材料选用洁净、坚硬、级配良好的中粗砂，其细度模数在1.6~2.5，含泥量少于3%。采用振动法使回填砂密实，每次摊铺厚度为30 cm，灌水饱和，采用50型振动棒进行振捣，快插慢提，振动棒插入层底。每隔两层（约60 cm）用25 t振动压路机进行碾压。采用钢筋贯入法测定砂的密实度。实测贯入度应不大于通过试验所确定的该砂控制干土密度。

3.8.2 结构防水处理措施

B1、B2隧道迎水面采用水泥基渗透结晶型防水涂料，用量1.5 kg/m²。在两线间箱涵侧墙上还应设置附加防水层；3 mm高分子复合自黏防水卷材+聚苯乙烯泡沫塑料板。

1. 3 mm高分子复合自黏防水卷材施工

（1）基层要求。

拟铺卷材部位基层已办理验收、工作面移交手续，基层满足如下要求：

① 基层表面的杂物、油污、砂子、突出混凝土表面的石子、砂浆及松散的混凝土已清理干净，并修补平整。

② 如有裂缝，应采取有效措施进行修补，有条件时在内侧进行修补。

③ 涂刷专用基层处理剂（如果工艺、技术规范需要的话），均匀涂刮，不得露底，不堆积。

（2）施工原则。

① 铺设防水卷材前，基面不得有明水。

② 断面变化或阴阳转角应抹成圆弧形（遵从设计图纸）。

③ 施工顺序：先侧墙，再顶板过渡到侧墙，顶板防水卷材在侧墙上重叠一部分。

（3）气候要求。

① 雨季可施工，只要不形成积水，卷材施工不会受到影响。

② 可在−10 ℃低温环境下施工。

（4）施工方法。

① 均匀涂刷界面剂（如果工艺、技术要求的话）。

② 3~5 mm厚素水泥浆打底作为黏合剂。

③ 定位弹线，在已铺水泥浆范围内挂铺第一幅卷材，揭掉下表面的隔离膜，将防水卷材

铺贴到墙面上，粘贴后随即用木板或滚筒将卷材刮实（压实）。铺贴卷材要平整顺直，卷材下面的空气应尽量排净。铺设时卷材不得拉得过紧，要有一定的余量，确保卷材间搭接宽度。挂铺第一幅防水卷材要从顶板上向（侧壁）下垂直挂铺。挂铺时，上下均要安排专业工人，待卷材垂直下放到侧墙底时，将防水卷材从上而下按到墙面上，并用木板或滚轮反复在卷材上压实，将防水卷材与水泥浆压紧固定。为避免侧墙卷材剥离、脱落、下坠，在卷材顶部（顶板边缘）可适当增加固定点。当用射钉固定防水卷材时，射钉穿透防水卷材的本体，应加贴自黏卷材片进行修补且周围剪成圆角，防止渗漏水。

④ 侧墙与顶板处相互重叠 15 cm。相邻两排卷材的短边接头应相互错开 300 mm 以上，以免多层接头重叠而使卷材粘贴不平。

⑤ 卷材铺贴顺序：先节点，后大面；先低处，后高处；先高跨，后低跨；先远处，后近处。大面卷材粘铺必须从低处向高处进行，从远处向近处进行，使操作人员不过多踩踏已完工的卷材，施工区应采取必要的围护措施，禁止无关人员行走踩踏。

⑥ 搭接口采用"焊接高分子卷材或双面自黏胶带封口"方式。最外侧防水卷材接口采用水泥浆着浆包裹方式。

2.3 cm 聚苯乙烯泡沫塑料板（EPS 板）厚度施工

聚苯板的拼缝不得正好留在安全通道（逃生通道）门口的四角处。

排板时按水平顺序排列，上下错缝粘贴，阴阳角处应做错茬处理。

根据工程特点，粘贴 EPS 可采用点框法或条粘，用缺口馒刀将黏结砂浆垂直均匀地粘在 EPS 板上。涂好后立即将 EPS 板粘贴在墙上。EPS 板粘贴到墙上以后，用 2 m 靠尺压平，保证其平整程度和粘贴牢固。

粘板时注意清除板边溢出的胶浆使板与板之间无碰头灰，板缝拼严，缝宽超过 2 mm 时用相应厚度的聚苯片填塞。拼缝高差不大于 1.5 mm，否则应用砂纸或专用打磨机具打磨平整。打磨动作应采用轻柔的圆周运动，不要沿着与 EPS 接缝平行的方向打磨，打磨后应用刷子或压缩空气将打磨操作产生的碎屑和其他浮灰清理干净。

聚苯板竖向按 2.44 m 分三次粘贴到位，每次粘贴一块板（2.44 m），然后回填；距离上口 30~50 cm 时，粘贴上一块聚苯板，再回填，依此循环直到侧墙面上铺满聚苯板为止。

聚苯板更为重要的作用是在回填过程中，有效防止压路机、反铲、自卸车等施工机械碰撞、损坏防水卷材，起到保护防水卷材及结构混凝土的目的。

设附加防水层的施工示意如图 3.4 所示。

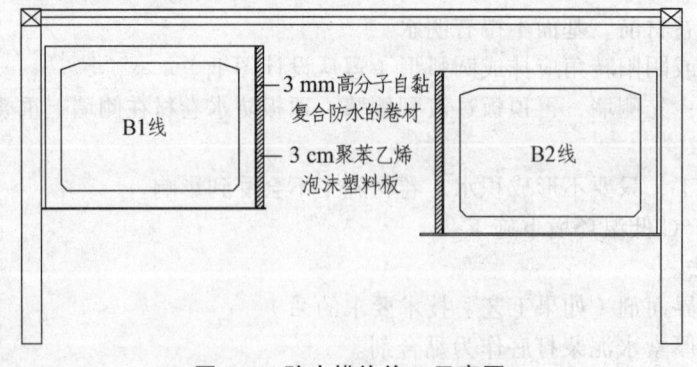

图 3.4 防水措施施工示意图

3. 上下隔水层方案和施工技术

上下隔水层方案优选：

B1、B2线底板高的一侧底板标高上1m分层回填优质红黏土；

B1、B2线顶板高的一侧顶板标高上1m至道路结构层下分层回填优质红黏土；

上下层红黏土间回填中粗砂。

红黏土的作用：

碾压成型的红黏土基层起到隔水阻水作用，防止地下水渗流到两箱之间，也防止水通过混凝土毛细孔或细小裂纹渗流到隧道结构内，确保隧道结构的安全使用功能。

填砂的作用：

一是加快填筑速度。由于两箱之间填筑高度最大为 $25 - (10.488 - 0.8) = 15.312$ m，如全部采用红黏土填筑需150天，不能满足全线竣工通车的工期目标，且因回填时间短、速度快，土层分层沉降来不及完成（根据相关资料文献介绍,高填方土层大约需6~12个月完成沉降），后期必然产生很大的沉降，严重影响道路通车运行。

二是充填密实的砂可以减少事后沉降。

三是保障道路面施工质量。隔水层施工方案示意如图3.5所示。

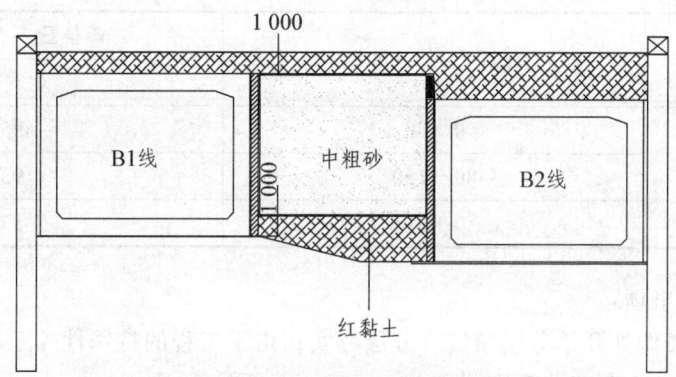

图 3.5　隔水层施工方案示意图

4. 隔水层施工前的准备工作

（1）若两箱之间有大量动水存在，则在原先涵施工时，两箱之间应设有纵向排水沟和集水井。在施工隔水层前，先将基坑底面清理整平，将排水沟疏通，以使水能顺利排走。纵向排水沟南由 8#节段起向北至北泵房 J-5 排水井，北由隧道洞口起向南至北泵房 J-5 排水井，在 J-5 排水井中安装一台 WQ100-36-22 污水潜水泵，提升至隧道顶支撑面以上，强排至西侧便道排水沟内。

修筑好两箱间高低斜坡，并留适量平台长度，便于压路机碾压。

（2）选择符合回填要求的优质红黏土，其各项指标均应满足设计要求。优质红黏土全部外购，项目部材料部门根据技术要求，选择适当的土源和土质，会同业主、监理工程师对土源及土质进行确认。试验部门应对来源地不同的红黏土分别进行复查及土工试验。土工试验包括：干密度、湿密度、天然含水量、比重、塑限、液限、塑性指数、液性指数及标准击实试验。液限大于 50%、塑限大于 26%、含水量不适宜直接回填的红黏土不能作为填料。

（3）选择适当的土方机械设备，特别是压路机。

（4）根据压路机的选型，选择合理的分层填筑厚度、碾压次数及压实度。

（5）根据回填土的各项物理、力学性能指标，分析、研究对回填土的改良和处置方法，使其满足设计及规范对回填土的要求。

（6）做好 B1、B2 线箱涵外侧变形缝及外墙防水施工，经三方检测满足设计要求后方可进行线间回填土施工。

5. 隔水层施工

（1）选择优质红黏土作为填料，松铺厚度为 40~50 cm，成型厚度为 30~40 cm。

（2）选择 SANYSSR 单钢轮压路机，SSR200 型，静压力为 20 t 或 20~25 t。

（3）选择碾压次数为 3~5 次，碾压重叠宽度为 1/3-1/2 钢轮宽度。

（4）选择压实度：箱涵底部为 87%，箱涵顶部路面结构层为 93%（表 3.4）。

表 3.4　土质路基最低压实度表

填挖性质	深度范围（cm）	最低压实度（%）
		快速路
填　方	0~80	95
	80~150	93
	>150	87

（5）施工注意事项：

① 回填宜从最低处开始分层填筑、分层夯实；由于工程的特殊性（工序及时间原因），工程回填只能从 B1-10 起向北渐次回填。

② 压路机沿隧道纵向碾压，分次长度不大于 100 m。纵向碾压搭接长度为横向碾压重叠宽度的 1/3 – 1/2 钢轮宽度。第一遍用重型振动压路机静压或轻振进行稳压，而后再进行强振压实，最后用三轮压路机进行复压。

③ 由于采用红黏土回填，应避免雨天施工。若施工过程中碰上下雨应及时遮盖，天晴后翻挖晾晒；若时间来不及，可加入 10% 的石灰进行改良，以提高施工速度，保证碾压效果，提高压实度。

④ 应通过路基填筑先行段，确定压路机选型，取得压实度、碾压遍数、碾压速度、振动力等相关指标。

⑤ 压路机碾压过程中，应避免对隧道箱涵结构的冲击，防止损坏或使外贴聚苯板变形和位移。在靠近隧道箱涵外墙一侧，可使用小型电夯、气夯等设备夯实。

⑥ 压实度检测：采用灌砂法检测，压实度达到 87% 以上。

⑦ 回填遇窨井处要注意对成品窨井的保护，压路机要绕开窨井，碾压时距离窨井一定距离，窨井周围用小型电夯或气夯夯实。

工程已投入运行一年多，经历了雨季的考验，结构物之间未见明显的变形。故此认为：刚度差和沉降差对沿着线路纵向可能出现的沉降裂缝的影响是有限的，工程处理措施是成功的。

3.9 施工监测

3.9.1 监测的目的和意义

基坑开挖过程中，必须确保基坑本身安全及周边建筑物、地下管线的安全，故在基坑施工工程中，进行基坑及周围环境信息化监测是必不可少的。进行信息化监测的主要目的如下：

（1）在设计基坑支护结构时，虽然事先进行了地质调查，但设计值与结构的实际工作状况往往不一致。主要原因有：

① 土层地质的复杂性和离散性，勘察所得数据难以代表土层的总体情况；

② 侧压力荷载的计算与支护结构简化计算的假定产生的误差；

③ 挖土与支撑安装中，施工条件改变、突发和偶然情况等随机因素等造成的误差。

故在施工工程中进行信息化监测，可随时了解围护结构的实际受力情况。

（2）根据监测数据，正确掌握施工进度。当发现监测指标超过报警值时，随时采取必要的技术措施，以保证下一阶段施工的顺利进行。这不仅对安全有利，而且出现险情时能把造成的危害降低到最低程度，尚可弥补设计的不足，并可积累经验。

（3）及时了解围护墙体的变形情况、支撑受力情况、基坑周围土体的沉降情况，对围护结构体系的安全性、稳定性进行综合评价。

（4）对基坑周边地下水位、地下管线和建筑物的沉降位移变化进行监控，了解基坑施工对周边环境的影响情况。

（5）将监测数据进行汇总，形成报表，绘制各种沉降、位移、受力变化曲线，以指导下一步工作。

沿江大道改造工程作为南昌市政的重点工程，濒江且邻近滕王阁及现代建筑群，工程地质条件复杂，施工时采集积累的实测数据以供研究之用，通过进一步的分析还可为南昌其他通道工程及地铁工程基坑设计和施工方法提供参考类比。

3.9.2 主要监测项目

主要监测项目如表 3.5 所示。

表 3.5 沿江大道连通工程围护结构施工主要监测项目

监测项目	测量仪器
基坑支护情况及地表裂缝观测	目测
围护桩顶水平位移	经纬仪
围护桩顶垂直位移	高精度水准仪

续表 3.5

监测项目	测量仪器
围护桩身水平位移（测斜）	测斜仪
基坑内钢支撑的轴力	轴力计＋频率计
基坑内混凝土支撑的内力	钢筋计＋频率计
地层分层位移沉降	电子水准仪、钢尺沉降仪
坑外地表沉降	高精度电子水准仪

监测内容说明：

（1）基坑支护情况及裂缝观测。

土体开挖后，底部土体处于卸荷状态，周围土体由原来的三向受力变为两向受力，基坑周围土体处于最不利的应力状态。每次监测地表沉降时，均观测地表是否出现裂缝，如出现裂缝，应及时根据围护体的位移、应力等参数变化的趋势判断裂缝的发展趋势。对于可能引起坑侧土体的滑移的裂缝，要及时加固。

（2）围护桩水平位移（测斜）。

桩体测斜按分段开挖的施工工艺，在上述监测断面，沿基坑两侧围护布设桩测斜管，管长与桩内主筋一致。

（3）围护体墙顶位移与沉降。

由于测斜所反映的墙体位移是相对于墙顶不动点的相对位移，故尚须测出墙顶的绝对位移，两者相比较才能得出墙体纵深方向各点的绝对位移，才能真实地反映施工期间围护墙的整体变形情况。所以，除在每一测斜断面对应位置设一墙顶位移测点外，两测斜断面中还要布设一墙顶位移测点。

（4）钢支撑轴力。

围护体外侧的侧向土压力由围护体及支撑体系所承担。为了监控基坑施工期间支撑内的应力状态，确保基坑开挖时每开挖区段有轴力监测数据，同时考虑到基坑长度较大、变形控制要求较高，所以每三道支撑设一轴力监测断面。

（5）混凝土支撑轴力。

与测斜断面位置对应，布置在混凝土支撑主钢筋上。

（6）基坑外的地层分层沉降监测。

在滕王阁及凯莱等重要建筑附近，距围护桩 2~5 m 钻孔，对坑外地层分层沉降进行监测，共布置 6 个测孔，观测孔的孔深比围护桩还要深 5~10 m。从观测孔口处向下每隔 5~8 m 安装 1 个磁环，观测孔内安装 5 个磁环，孔底安装 1 个磁环作为基准点（即不发生沉降变形的观测点）。

（7）地表沉降。

地表沉降是基坑施工最基本的监测项目，它最能直接地反映周围环境的变化情况。由于基坑开挖施工会引起土体扰动，一般表现为向基坑内侧倾斜、沉降。考虑到纵横两个方向的影响范围，沿基坑监测断面两侧布置沉降测线，测线上相隔 3~5 m 布置 1 个测点，每线设 4 个测点。

3.9.3 监测点的安装埋设与监测方法

1. 地层、支护情况及地表裂缝观察

每次开挖完成后，目测。

2. 围护桩身水平位移（测斜）

监测目的：围护结构的变形通过预埋在桩体内的测斜孔进行监测，主要了解随基坑开挖深度的增加，围护桩体不同深度水平位移的变化情况。

测孔设置：设在基坑钻孔桩中，深度与钻孔桩一样深。

埋设方法：在钻孔灌注桩施工前，将埋设位置具体细化到施工图上。在施工到相应的桩位时，将测斜管逐节绑扎在桩身钢筋笼迎土面一侧上。管间用管套衔接，自攻螺丝固定并密封。测斜管的顶底两端头用布料堵塞，盖好管盖；检查测斜管内壁的一组导槽，使其与围护桩体水平延伸方向基本垂直；测斜管内注入清水，防止其上浮；测斜管口高度与围檩设计高度相当。

仪器和材料：采用 CX-3C 测斜仪（图 3.6），其读数分辨率可达 0.02 mm，接收仪为该公司的 Data Mate，它可以记录、存储垂直和平行基坑的两个方向测斜数据，与电脑连接传输数据，利用配套的 DMM 软件进行数据处理，打印变形曲线。

测斜管选用内径为 70 mm 的 PV 管（图 3.6），其外壁有一对凹槽，内壁有两对相互垂直深 3 mm 的导槽。

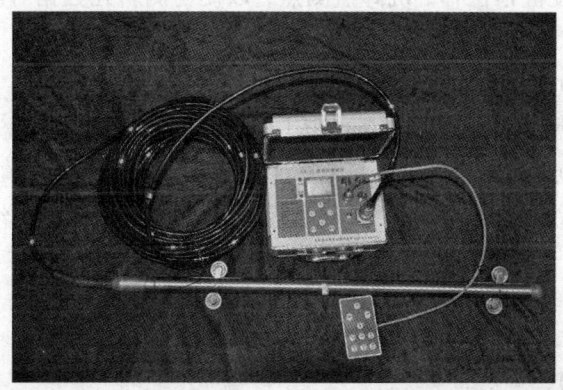 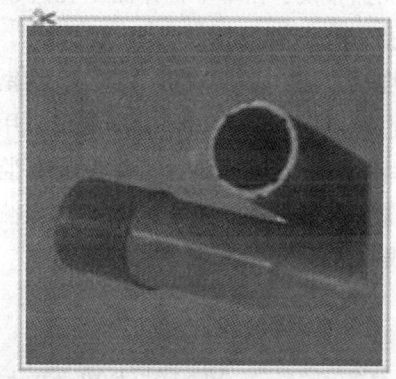

图 3.6 测斜仪及测斜管

测试：在埋设浇灌混凝土后第一天，用清水冲洗管中泥浆水，检查测斜管安装质量，例如管内有无异物堵塞、深度是否与埋设深度相当等。第一次测斜前，检查是否有滑槽现象等。

在操作时要特别注意以下事项：

（1）探头在管底稳定数分钟或更长的时间（主要是消除探头与水的温差），待读数稳定后，再按每 1.0 m 的点距由下往上逐点进行读数。

（2）采取 0°、180°双向读数。规定 0°方向读数时探头高轮位置靠近基坑一侧。

（3）经常校对点距（记录深度）。

（4）探头沿测斜管内壁导槽上拉、下滑要匀速，不得冲击孔底。

（5）测点的读数稳定后，方可记录储存。

（6）桩顶测斜是假定孔顶为不动点，故测量的数据为相对的，因此要对孔顶平面位移值进行修正（利用同部位围护墙顶水平位移）。

资料整理：

（1）初始值标定：基坑开挖前完成测斜数据初始值测定。在多次重复观测的数据中，选取收敛最小的二次观测数据取平均值作为该孔的初始值。

（2）符号规定：规定测斜管向基坑方向偏移为正值，反之为负值。

（3）偏移量：本次各点测试值与同点号上次测试值之差为本次偏移量；本次各点测试值与同点号的初始测试值之差为累计偏移量。

（4）绘制累计偏移量-深度曲线图。

测斜孔的保护：

由于施工的工期较长，为保证测斜孔不被破坏，必须采取相应的保护措施，措施如下：

（1）请参建单位共同配合，做好测斜管的保护工作。

（2）为防止异物落入孔内，测试前清除孔口周围杂物，测量完毕封堵孔口。

（3）基坑开挖过程中，应避免测斜孔被损、被堵等情况的发生。

3. 桩顶水平位移和沉降

目的：了解在基坑开挖、结构施工中围护桩顶的沉降和水平位移，为围护桩体测斜控制孔口位移提供改正参数。

测点布设：在每个桩体测斜孔边，布设桩顶位移、沉降监测点，以便与测斜孔数据对应，作为孔口改正依据。

埋设方法：将顶端划"十"字的钢筋埋入圈梁中，浇注混凝土。

监测点的测量：桩顶沉降测量采用精密水准仪（图3.7），按国家二等水准要求观测。以附合或闭合路线在水准路线上联测各监测点，以水准控制点为基准，测算出各监测点标高。同一测点相邻两次标高差即为本次该测点沉降量，第一次沉降量累加至本次沉降量即为该测点的累计沉降量。计算公式如下：

$$\Delta h_i = h_i - h_{i-1}$$

$$\Delta h = (\Delta h_1 + \Delta h_2 + \cdots + \Delta h_i)$$

式中　Δh_i——本次沉降量；

h_i——本次标高；

h_{i-1}——上次标高；

Δh——本次累计沉降量。

桩顶水平位移测量采用视准线法进行。在基坑每边设立2个参照点，建立一条基准线，用经纬仪投影至地面，尽量在基准线上布设水平位移点，用钢尺量测位移点到轴线的偏距e，从而了解围护体顶部水平位移的情况。某监测点本次e值与前次e值的差值为该点本次位移变化量，本次e值与初始的e值之差值即为该点累计位移量。

图 3.7 精密水准仪及全站仪

4. 钢支撑轴力

轴力计（图 3.8）设置在支撑端部的活络头侧，轴力计保护外壳与活络头贴角围焊，用便携式数字频率计（图 3.8）测读，测试精度优于 1%；也可以采用表面应变计监测支撑轴力，其安装方法是在一根钢管的同一断面处的三个不同位置布设，也用便携式数字频率计测读，测试精度优于 1%。表面应变计在支撑就位后施加预紧力前焊接，仔细做好监测元件和导线保护的措施，然后读取初读数，在加预压力时跟踪监测，加完预压力后再测读一次数据。

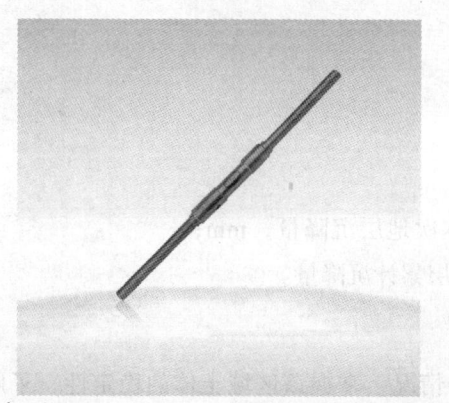 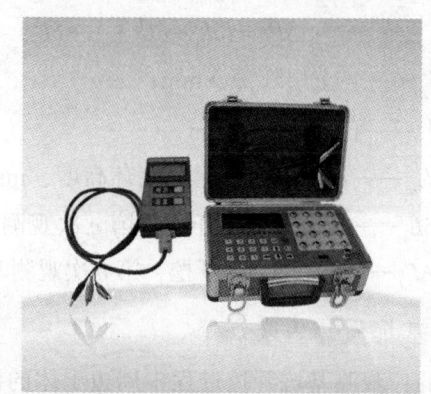

图 3.8 振弦式轴力计及频率计

5. 混凝土支撑内力监测

将埋设钢筋应力计处的钢筋截去 20 cm，两侧与钢筋应力计焊接在一起，焊接后钢筋应力计与原钢筋是串联连接的。钢筋混凝土支撑与钢筋应力计的焊接在钢筋绑扎前进行。钢筋应力计采用钢弦频率式，用便携式数字频率计测读，测试精度优于 1%。

6. 坑外地层分层沉降监测

目的：在基坑开挖过程中，基坑周边地层会发生一定的沉降变形，这种沉降变形是由于基坑开挖卸压和土体孔隙水压力发生变化而引起的，该监测内容关系到基坑围护体系的稳定性和对周边环境的影响程度的判断。为此,设此项监测内容,指导施工。

仪器选用:初始孔口标高采用 Topcon 101C 水准仪配合精密钢钢水准尺观测,坑底地层分层沉降变形则采用磁环+分层沉降仪进行测量。

测点布设:本基坑共布置6个观测孔,每个观测孔中安装5个磁环,共需要安装磁环 $6 \times 5 = 30$ 个。

埋设方法:用钻机成孔至设计深度后清孔,下放压入底部密封的 $\phi 52$ mm 的 PVC 管,在钻孔中再由下往上逐个将磁环套在 PVC 管上,每下1磁环后用膨胀土泥球填实至计划位置,再套入下1个磁环,以防坑底承压水上涌。基坑底部以下 15 m 段安放1个磁环(作为地层沉降变形起算观测点),从观测孔的孔口向下每隔 5~8 m 安设1个磁环,观测地层沉降变形的深度为 20 m,共需5个磁环。观测孔的孔口比地表稍高,用彩旗标注醒目以保护不致被破坏,并保持孔外孔隙填土密实,如图3.9所示。

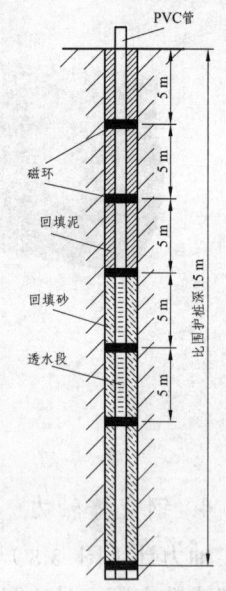

图3.9 地层分层沉降钻孔布置图

测试:以二等水准路线联测初始孔口标高,孔底环不动,磁环深度用分层沉降仪测量,换算出底环标高,观测计算方法参照水位监测作业。用分层沉降仪测试上层各环相对底环的升降变化,即为各层土体开挖时坑底隆起量,计算公式如下:

$$L_n^i = l_n^i - l^1$$
$$\delta L_n^i = L_{n+1}^i - L_n^i$$
$$\Delta L_n^i = (\delta L_1^1 + \delta L_2^1 + \cdots + \delta L_n^1)$$

式中 l_n^i ——各土层环深,mm;

l^1 ——孔底环深,mm;

L_n^i ——各土层环相对孔底环高度,mm;

δL_n^i ——第 i 层土体开挖,第 n 次观测时本次地层沉降量,mm;

ΔL_n^i ——第 i 层土体开挖,第 n 次观测时地层累计沉降量。

7. 基坑周边地表沉降

目的:观测基坑开挖过程中周边土体的沉降情况,掌握该区域土体的稳定性,了解基坑施工对周边土体的影响。

测点布设:与围护墙顶位移观测为同一观测断面,每一个测量断面在垂直基坑 2~3 倍开挖深度范围内布设5点为1组地表沉降监测点,共计布设24组共96点。

埋设方法:在地表沥青(或混凝土)上直接打入道钉,注意地表混凝土或沥青不能有松动。

测量:与围护墙顶沉降测量计算方法相同。

3.9.4 监测设备的安装顺序

各监测设备仪器的安装随工程的施工步序而开展,基本按如下顺序进行:

（1）先期布设地表沉降点。

（2）围护结构施工时，同步安装围护体内的测斜管、内力监测的钢筋应力计，钻孔灌注桩的测斜管应固定在钢筋笼内，随钢筋笼一起放入。钢筋应力计安装在钢筋混凝土支撑钢筋笼相应监测位置的钢筋上。

（3）顶冠梁浇捣时，同步埋设墙顶的位移测点，并做好测斜管的保护工作，进行初始值的测取工作。

（4）基坑内挖土时横向支撑轴力计安装与换撑工作要相互配合、紧密合作。

（5）钢支撑施工时，同步安装轴力计，每根支撑全部撑上受力前，需完成轴力测试仪器的安装工作，并测出读数。

3.9.5 监测精度、频率和警戒值

（1）监测精度（按 GB 50497—2009《建筑基坑工程监测技术规范》）。

① 竖向位移测量中误差≤0.3 mm。

② 桩墙测斜系统精度≤0.25 mm/m，分辨率：±0.02 mm/500 mm。

③ 墙顶水平位移测量误差≤1.0 mm。

④ 支撑轴力、应力测量误差≤0.5% F·S。

⑤ 分层沉降测量误差≤0.5% F·S。

（2）监测频率。

各监测项目的监测频率见表 3.6。

表 3.6　各监测项目的监测频率

施工进程		基坑设计深度（m）		
		≤5	5~10	10~15
开挖深度（m）	≤5	1 次/d	1 次/2 d	1 次/2 d
	5~10	—	1 次/2 d	1 次/d
	>10	—	—	2 次/d
底板浇筑后时间（d）	≤7	1 次/d	1 次/d	2 次/d
	7~14	1 次/3 d	1 次/2 d	1 次/d
	14~28	1 次/5 d	1 次/3 d	1 次/2 d
	>28	1 次/7 d	1 次/5 d	1 次/3 d

注：由于各段基坑深度不一，监测时分别按对应深度控制监测频率。

（3）警戒值。

本基坑变形保护等级为一级，根据相关规范及设计的要求，确定以下监测项目及报警值如表 3.7 所示。

表 3.7 监测项目及报警值

监测项目	报警值
围护桩顶水平位移	30 mm
围护桩顶竖向位移	20 mm
围护桩身水平位移	45 mm
支撑轴力	设计轴力的 70%
围护桩主钢筋轴力	设计承载力的 70%
地表沉降	30 mm
地层分层沉降	底部观测点沉降量超过上部观测点沉降量或沉降速率达到或超过 2.5 mm/d

中篇 专题研究之濒江杂填土基坑渗流与变形特性

第4章 地下水对基坑工程的影响研究概述

4.1 引言

随着经济建设的发展和人们生活水平的提高,近年来,我国的各类建筑与市政工程得到了飞速发展。多层建筑及高层建筑的地下室、地下车库、地铁车站等工程施工,由于场地等各种条件的限制,离不开基坑工程。

基坑工程是基础工程施工中一个古老的传统课题,已由土力学的经典课题变为20世纪60年代以来岩土工程界面临的一个重要基础工程课题。基坑工程既涉及土力学典型的强度与稳定问题,又包含了变形问题,同时还涉及土与支护结构的共同作用。

引起基坑变形的因素主要包括:土体性质、周围顶部堆载情况、地下水渗流、基坑断面形式、基坑防护情况等。在濒江地区进行基坑开挖,地下水渗流是不得不考虑的一个重要因素,为了确保施工环境的干燥和施工的安全,必须对地下水进行处理。而工程降水是处理地下水的一种重要的方法,对基坑稳定具有重大意义,如果忽视降水对施工的影响,往往引起施工事故。

在地下水水位较高的城市,比如天津、上海、武汉和南昌等,基坑降水是控制好地下水的重要环节,亦是保证基坑工程成功的重要前提。目前,控制基坑地下水水位最有效且经济的方式为井点降水。井点降水可以有效地避免流砂、管涌和坑底隆起,使基坑施工在干燥的环境中进行,对基坑周围土体的强度和稳定性具有非常明显的提高效果。

在实际工程中,由于对地下水控制不当而引起的基坑事故屡见不鲜。1994年,武汉泰合大厦基坑工程采用基坑内降水,由于基坑止水帷幕失效,使基坑南面民房局部开裂;开挖第三层时,因涌水、涌砂量大,工程发生停工险情。广州某深基坑,由于基坑在开挖时没有设置止水帷幕,长效的渗漏水对土体的渗透饱和和短效大量高压水对土体的直接挤压、冲刷,造成土体不均匀沉降、地下水管被破坏,以致酿成事故[13]。

4.2 基坑工程中地下水问题的研究现状

4.2.1 地下水渗流理论研究概况

在地球上水的贮存中,贮存于岩石圈(含土壤)的水总量约为840万立方米,约占陆地总水量的21%。地下水的50%分布于地表以下1 km范围内的岩石孔隙中,在其间贮存和运移。工程所涉及的地下水主要指浅层岩石或者土壤中的地下水。在水头差的作用下，流体可以透过土体孔隙而产生渗流。发生渗流的区域称为渗流场[14]。

地下水运动理论最早起步于国外，下面按时间顺序从研究方法的角度大概做一个总结[15-22]。从1856年著名的Darcy定律开始，人们定量化地认识了地下水运动规律。1886年，J. Dupuit根据达西定律研究了地下水的一维稳定运动和水井的二维稳定运动规律。P. Forchheeirmer（1901）等又研究了更为复杂的地下水渗流问题，从而奠定了地下水稳定渗流理论的基础[23]，这一阶段的主要标志是C. 列宾逊、M. 麦斯盖特等利用一般的有关连续介质力学的概念建立起来的以研究水井渗流问题为特征的古典水动力学渗流理论。

J. Boussinesq（1904）提出了地下水非稳定流的偏微分方程式，从而开始了各种严格定量的水动力学方法的研究。随后，O. E. Meinzer（1928）、C. V. Theis（1935）提出了地下水在承压水井中的非稳定流公式。1946年，N. H. 斯特里热夫首次定性地阐述了液体在可压缩地层中渗流理论的物理基础，并描述了地应力作用下地下水流动的基本特性，以及岩土介质孔隙度和渗透率的降低、岩土骨架不可逆的基本性质，由此逐步建立起了完整的弹性渗流理论（1957）和弹塑性渗流理论（1959）。

随着计算机技术的不断发展，数值模拟技术以计算机为基础，广泛应用于分析地下水问题。数值解法早期多采用有限差分法，1965年，Zienkiewicz将有限元法引入地下水渗流领域，Sandhu和Wison（1969）提出了地下水渗流运动方程的广义变分原理，为有限元求解渗流问题奠定了坚实的数学物理基础。

4.2.2 渗流场与应力场的耦合分析研究现状

世界上处于同一个系统中的任何两个或两个以上的物体都是相互作用和彼此影响的。在岩土工程中，比如基坑开挖时，在水头差的作用下，地下水会在土体中产生渗流，流体和土体之间相互作用的现象，这种耦合现象和问题是普遍存在的。岩土工程中存在着多种相互作用，如固结问题、地面沉陷的相互作用等，这些作用同时存在并相互影响，称为耦合作用。流固耦合理论是渗流力学与土力学相互渗透、相互交叉的产物。

国外对耦合作用的研究起步较早，1925年，太沙基首次建立了渗流场与应力场之间的关系方程，提出了针对饱和土的有效应力原理和一维固结理论。太沙基与伦杜立克把一维固结理论扩展到准三维固结方程[24]：

$$\frac{\partial H}{\partial t} = \frac{1}{3\gamma_w} \cdot \frac{\partial \Theta}{\partial t} + \frac{(1+e)(1+2k_0)}{3\gamma_w \alpha}\left(k_x \frac{\partial^2 H}{\partial x^2} + k_y \frac{\partial^2 H}{\partial y^2} + k_z \frac{\partial^2 H}{\partial z^2}\right)$$

式中　H——超孔隙水压力水头；

Θ——应力之和，$\Theta = \sigma_x + \sigma_y + \sigma_z$；

γ_w——孔隙水重度；

α——土的压缩系数；

e——土的孔隙比；

k_0——侧压力系数；

k_x、k_y、k_z——土三个方向的渗透系数。

我国岩土工作者在流固耦合方面做了大量的研究，取得了较大的成果。

魏加华、崔亚莉、邵景力[25]等基于有限元法对渗流场和地面沉降量进行了模拟，考虑了地下水渗流与周围土体之间的耦合作用。

白世伟、谷志孟、雷学文、罗晓辉、陈晓平等对土体的渗流场与应力场的耦合作用做了深入的研究。他们基于比奥固结理论，并将其扩展应用于弹塑性分析领域，将渗流场水力作用与应力场耦合，用有限单元法模拟深基坑开挖及降水施工过程，得到了对基坑周围环境效应基本规律的认识，为深基坑开挖设计与信息化施工提供了借鉴[26-33]。

4.3 考虑工程降水及地下水渗流对基坑工程影响的研究现状

在地下水水位较高的地区开挖基坑时，坑内外通常存在着水头差，地下水将在坑内外水头差的作用下发生渗流。而地下水的渗流将引起坑内外的孔隙水压力和有效压力发生改变，这不仅对作用在支护结构上的水压力、土压力及侧压力的大小和分布形式有影响，而且还对基坑周围的地表沉降和坑底的回弹变形有影响，甚至可能引起管涌和流砂等渗透破坏问题。根据对大量基坑失稳和变形破坏实例的分析可看出，因渗流引发的基坑失事占很大比重。所以，在基坑稳定和变形的分析和计算中必须高度重视地下水和地下水的渗流作用[34-36]。

骆祖江等以上海环球金融中心塔楼深基坑降水为例，应用渗流理论和有限差分方法，数值模拟了降水疏干过程和降水的三维非线性稳定渗流场；通过现场抽水试验资料，校正了模型主要参数并检验了后续计算，优化了降水方案，对基坑内外渗流场的变化进行了分析，为后续深基坑工程降水设计与施工总结了依据[37]。

刘红岩、戎涛应用有限元法对饱和土体在采取不同止水帷幕时的基坑渗流场进行了数值模拟。模拟计算结果表明，基坑内降水对坑外地下水位变化的影响和基坑底部的渗流量、垂直流速和水力梯度等，跟止水帷幕长度及渗透系数有很大关系，即随着止水帷幕深度的增大，基坑内降水对坑外水位的影响减小，坑底渗流量、垂直流速和水力梯度减小并趋于稳定[38]。

王国光、严平、龚晓楠基于有限元法模拟了设有止水结构物的基坑渗流场，分析了基坑渗流的特点，阐述了止水结构物的止水效果及其作用机理[39]。

唐翠萍、许烨霜等在《基坑开挖中地下水抽取对周围环境的影响分析》中，应用有限元法模拟了基坑降水过程，分析了软土地区深基坑降水引起地下水渗流场的变化，并分析了渗流对墙后土体及周围土体的沉降影响[40]。

罗晓辉应用有限元软件对基坑降水过程进行了稳定渗流与非稳定渗流的数值模拟，将渗流场的水力作用与应力场耦合，得出了因降水形成地下水渗流及降水对周边土体的力学效应的变化规律[41, 42]。

徐耀德在掌握场区水文地质条件和抽水试验成果的基础上，利用 Modflow 软件对某基坑降水工程建立了较合理的渗流计算模型，并针对可能采用的基坑降水方案，模拟和预测了基坑降水引起的基坑内外地下水位变化，定量评估了基坑降水引起的附加地面沉降问题，为结构设计计算和施工应对措施提供了重要依据[43]。

张莲花、孔德坊首次提出了沉降变形控制的降水最优化问题的概念，即以周围环境对降水引发沉降的最低要求为约束，同时满足工程施工和安全需要进行降水设计，改变了过去仅从工程施工和安全的角度进行降水设计的传统观点[44]。

李玉歧、周健、谢康和假定基坑地下水是一维渗流，推算出了坑内外主动区和被动区的水头计算公式，探讨了渗流场对围护结构上的土压力、水压力和侧压力的影响。由研究成果知：渗流场的影响减小了作用在围护结构上的侧压力，采取降水时，要考虑渗流场对基坑作用的影响[45,46]。

许胜应用有限元软件对基坑降水引起的渗流场过程进行了模拟，分析了渗流场对基坑周围环境的影响。由分析得知，基坑渗流对加围护墙后的地表沉降影响较大，对基坑开挖引起的渗流场不容忽视[47]。

孙志、周援衡、孔伟、任启江通过拉格朗日差分法数值模拟了地连墙的深基坑工程，模拟了地连墙高度的变化对渗流场和应力场的不同影响。分析结果表明：地连墙的深度大于基坑开挖最大深度时，坑角渗流速度减小，而墙体两侧水头差增大；随着墙体深度的增大，渗流速度、墙体两侧水头差逐渐减小，并趋于稳定。分析结果还表明：当地连墙在坑角处存在渗漏孔时，坑角附近地下水的渗流速度会迅速增大，如果存在砂层，可能会出现管涌和流砂，容易产生渗透破坏[48]。

吴建林、邹祖绪、龚静在《渗流作用对基坑支护结构稳定性的影响分析》一文中，阐述了产生渗流的条件和渗流场对围护结构上的水土压力的作用。结果表明：基坑稳定的一个重要因素是围护结构上水土压力的大小。他们对在基坑周围存在稳定渗流时支护结构上水土压力的变化进行了分析与对比计算，得出：支护结构的稳定渗流减小了主动侧的水压力，但总的水平压力变化不大；被动侧的水压力有所增加，但总的水平压力减小较多。他们还结合算例讨论了渗流作用对基坑支护结构稳定性的影响[49]。

陈志国以无锡轨道交通 1 号线市民广场站基坑为例，以 Biot 固结理论为基础，采用 Harderning-Soil 本构模型，对基坑内降水的两种工况进行了数值模拟，即考虑渗流作用和没有渗流作用，分析了基坑竖向有效应力、竖向位移、水平位移以及连续墙变形在两种工况影响下的变化。分析表明考虑渗流作用的分析与实际相符合，说明在深基坑开挖时需要考虑地下水对基坑稳定性的影响[50]。

缪俊发、崔永高、陆建生在《基坑工程疏干降水效果分析与评判方法》中，给"基坑工程疏干降水"作了准确的定义，得出了基坑内土体开挖的疏干度及含水量有效降幅的计算方法，提出了一种关于疏干井降水效果分析与评判的简明实用方法[51]。

丁春林、张小伟等在《基坑降水对土侧压力系数的影响》一文中，对上海软土地区的黏土，通过二阶段固结模拟和 k_0 试验，研究了各层土在降水深度不同的前提下，土侧压力系数的变化特性。结果表明，随基坑降水深度的增大，各层土压力系数减小，最终趋于稳定[52]。

郑刚、魏少伟在《坑内降水基坑底不同位置土体变形形状的室内试验研究》一文中，研究了坑内不同位置土体在降水开挖交替作用下的变形。结果表明：基坑开挖降水交替进行比仅仅考虑开挖状态时，坑底不同位置土体变形模量均明显提高；但在考虑到降水时比不考虑降水时回弹模量大。在地连墙附近土体单元的应力路径结果表明，其回弹模量要比基坑中心的土单元大,在降水条件下的回弹模量要比没有考虑降水条件下的回弹模量大。最后,基坑内土体变形形状、土层渗透系数都与基坑降水有很大的关系[53]。

吴怀娜、许烨霜、沈水龙等在《软土地区基坑降水对下方越江隧道的影响》中,以实际工程为背景,结合一维固结理论和三维渗流理论,应用有限元法对越江隧道上方的基坑降水进行了数值模拟,研究了工程降水对越江隧道沉降的影响。研究表明:基坑降水会对隧道产生沉降;降水深度与隧道沉降量呈线性变化趋势;采用基坑内降水是处理下方隧道沉降的最佳方案[54]。

娄荣祥、周念清、赵娜以上海地铁 11 号线徐家汇站深基坑降水工程为例,结合工程实际资料,应用 Visual Modflow 有限差分法模拟了基坑降水。结果表明:有限差分法对基坑降水的模拟与实际监测的结果相吻合,采用有限差分法模拟基坑降水具有可行性[55]。

程芸、冯晓腊、万里波以武汉长江隧道基坑明挖段 JB02 节基坑降水工程为背景,基于 Biot 估计理论,采用有限差分法 FLAC^{3D} 软件对基坑降水过程进行了模拟计算,阐述了基坑在有止水帷幕的条件下地下水渗流的规律。他们基于数值模拟,采用正交试验法讨论了地表沉降敏感性的影响因素,包括:渗透系数、抽水量、止水帷幕深度、变形模量和井点布置。研究表明影响地表沉降最重要的因素是土体变形模量,其次是土的渗透系数和止水帷幕深度[56]。

张楠以上海虹口商城深基坑降水为背景,通过现场抽水试验确定水文地质参数,基于三维丰稳定渗流理论,应用有限差分软件 FLAC^{3D},对基坑降水引起的基坑内、外渗流场进行了模拟,并与实际监测结果进行了对比分析,验证了该方法应用在实际工程中的合理性和准确性[57]。

4.4 专题的主要研究工作

造成基坑事故的一个重要因素就是地下水渗流破坏。在对国内 130 多项基坑事故的原因调查统计分析中,因基坑降水或者地下水处理不当引起的事故占 21.4%[58]。在我国,基坑降水设计一般只采用解析法进行计算,而基坑降水引发的地下水渗流是一个动态的变化过程,用解析法分析的结果指导施工存在一定的不合理性。

经过以上的分析,在基坑开挖时考虑降水是非常重要的。本专题研究的工作,主要归纳为以下两点:

(1)结合工程实例,通过室内和室外现场试验分析和研究基坑周围土体的渗流特性,为数值模拟分析提供准确的参数;通过现场降水工程试验段的降水,确定基坑内外降水所需要的井点数,为其他工区提供有利依据。

(2)以南昌市沿江大道连通隧道基坑为例,对基坑降水引起的渗流场进行分析。

第 5 章 濒江杂填土地区基坑地下水试验研究

5.1 引言

地下水的控制在基坑工程施工中起到至关重要的作用，必须充分认识地下水的性质。滕王阁隧道处于赣江江边，该工程区域杂填土土层较厚，需对该工程土体进行室内室外试验，以研究其渗透性，并通过降水设计确定基坑降水所需要降水井的个数以及布置情况。

5.2 室内渗流特性试验

5.2.1 试验目的及试验仪器

根据数值模拟流固耦合的要求，必须测定每一土层的渗透系数，并要测定围护止水帷幕（围护止水帷幕采用高压旋喷桩在钻孔灌注桩之间注入水泥浆）的渗透系数，所以需要测定出杂填土、淤泥质粉质黏土、细砂和砾砂四种土层的渗透系数和围护止水帷幕土体的渗透系数。根据工程经验、室内渗透试验的要求和土体的性质可知，围护止水帷幕的土体及淤泥质粉质黏土的透水性比较小，所以采用变水头渗透试验来测定其渗透系数，如图 5.1 所示。

图 5.1 变水头试验仪

杂填土、细砂和砾砂等透水性比较大的土，采用常水头渗透试验来测定其渗透系数，如图 5.2 所示。

图 5.2　常水头试验仪

5.2.2　土样制备

试验所用的土为滕王阁隧道工程基坑开挖的土料。杂填土、淤泥质粉质黏土、细砂和砾砂的来源见图 5.3。

（a）杂填土 1　　　　　　　　　　（b）杂填土 2

（c）淤泥质粉质黏土　　　　　　　（d）细砂和砾砂

图 5.3　室内渗透试验用土

试验用土分为杂填土、淤泥质粉质黏土、细砂、砾砂和围护止水帷幕土体5种土料，每种土料制备2份，并对其进行编号。试验土样在制备时，用筛子把杂填土和砾砂中过大的石块过滤掉，形成级配比较均匀的土样。

高压旋喷桩在施工时，要求每立方土体采用418 kg水泥，试验用土采用重塑土，试验用土的预备和制备主要按照《土工试验方法标准》(GB/T 50123—1999)进行。

5.2.3 试验方法

测定土体的渗透系数主要有变水头试验和常水头试验两种方法。

1. 变水头试验

将渗透容器内壁涂上一层凡士林，然后将装有围护止水帷幕土体及淤泥质粉质黏土试样的环刀装入容器，用螺母拧紧透水板的上下盖，要求密封，不得漏气漏水。将渗透容器的进水口与变水头装置中的进水管连接，利用供水瓶中的纯水向进水管注满水，并渗入渗透容器。打开排气阀，排除渗透容器底部的空气，直至溢出水中无气泡，关闭排气阀，放平渗透容器，关闭进水管夹。向变水头管注纯水，使水升到预定高度，使其静置一段时间稳定后，打开进水管，使水通过试样。当出水口有水溢出时，开始测记变水头管中起始水头高度和起始时间，按预定时间间隔测记水头和时间的变化，并测记出水口的水温。将变水头管中的水位变换高度，稳定后重复上述步骤5~6次。当不同开始水头下测定的渗透系数在允许误差范围内时结束试验。

渗透系数计算公式：

$$k = \frac{aL}{A(t_2 - t_1)} \ln \frac{h_1}{h_2} \tag{5.1}$$

式中 k——土的渗透系数，cm/s；
      a——测压管的断面面积，cm^2；
      A——试样的断面面积，cm^2；
      L——试样的长度，cm；
      t_1、t_2——测定时刻；
      h_1、h_2——时刻t_1、t_2分别对应的水头差。

2. 常水头试验

分别取风干的杂填土、细砂和砾砂 3~4 kg，测定其风干含水率。将风干试样分层（每层厚 2~3 cm）装入圆筒内，根据要求的孔隙比，用击棒轻轻捣实试样。每层试样装好后，从渗水孔向圆筒充水至试样顶面，并使试样逐渐饱和。如此继续分层装砂并饱和，直至最后一层试样顶面高出测压孔 3~4 cm，并在试样顶面铺 2 cm 砾石作缓冲层，继续充水至溢水孔有水溢出。检查测压管水位，当测压管与溢水孔水位不平时，用吸球调整测压管水位，直至两者水位齐平。将调节管提高至溢水孔以上，将供水管放入圆筒内，开止水夹，使水由顶部注入圆筒，降低调节管至试样上部 1/3 高度处，形成水位使水渗入试样，经过调节管流出。调节供水管止水夹，使进入圆筒的水量多于溢出的水量，溢水孔始终有水溢出，保持圆水管内水位不变，试样处于常水头下渗透。当测压管水位稳定后，测记水位，并计算各测压管之间的水位差，按规定的时间记录渗出水量。降低调节管至试样中部和下部 1/3 高度处，按上面步骤重复测定渗出水量和水温，当不同水力坡降下测定的数据接近时，结束试验。

渗透系数计算公式：

$$k = \frac{QL}{AHt} \tag{5.2}$$

式中　k——土的渗透系数，cm/s；

　　　Q——时间 t 秒内渗出的水量，cm³；

　　　A——试样的断面面积，cm²；

　　　L——两测压孔间的中心间距，等于 10 cm；

　　　H——平均水头差，可按照 $(H_1 + H_2)/2$ 计算，cm；

　　　t——时间，s。

5.3.4　结果分析

由公式（5.1）、（5.2）得到各土层的渗透系数，如表 5.1 所示。

由室内试验测得各层土体的渗透系数，可以预计基坑开挖时的渗透系数。

表 5.1　各土层的渗透系数

土　层	编　号	层厚（m）	渗透系数（cm/s）	平均值（cm/s）
杂填土	Z1	5.28	0.051 26	0.058 95
	Z2		0.066 64	
淤泥质粉质黏土	Y1	1.6	0.005 02	0.004 63
	Y2		0.004 24	
细　砂	X1	1.6	0.019 3	0.010 25
	X2		0.001 2	
砾　砂	L1	3.1	0.092 31	0.086 96
	L2		0.081 61	
围护止水帷幕土体	W1		0.000 364	0.000 386
	W2		0.000 408	

（1）在基坑外采用井点降水时，假设地下土层的水流可以近似地认为是水平渗流，如图 5.4 所示，则土层水平向的平均渗透系数 k_x 可以由公式（5.3）推算得出。

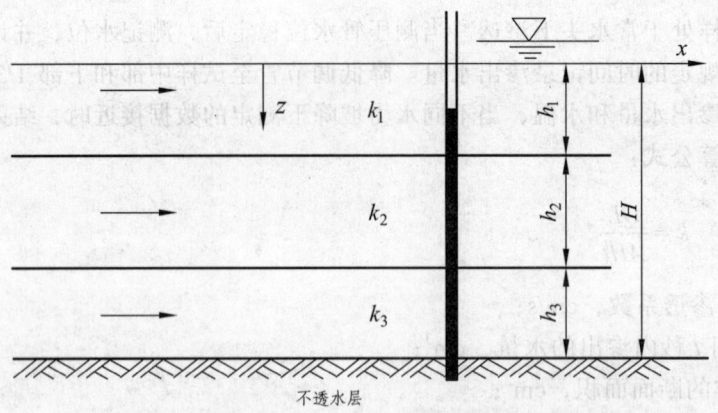

图 5.4 水平向渗流示意图

$$k_x = \frac{\sum k_i h_i}{\sum h_i} \quad (5.3)$$

式中 k_x ——水平向的平均渗透系数；
k_i ——每个土层的渗透系数；
h_i ——每个土层的厚度。

（2）在基坑内采用疏干井降水时，假设基坑壁底部的地下土层水流近似为竖向渗流，其示意图如图 5.5 和图 5.6 所示，则竖向渗流的平均渗透系数 k_z 可由公式（5.4）推算得出。

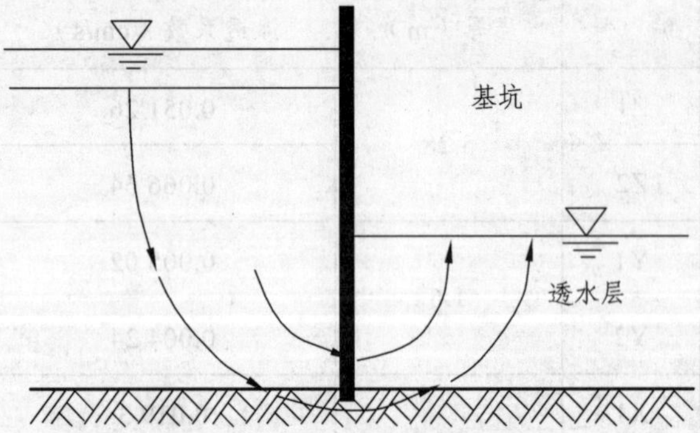

图 5.5 基坑内降水水流示意图

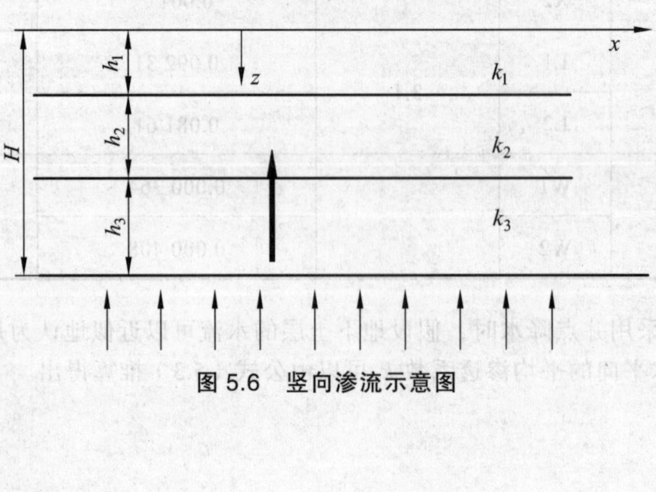

图 5.6 竖向渗流示意图

$$k_z = \frac{\sum h_i}{\sum \dfrac{h_i}{k_i}} \quad (5.4)$$

式中 k_z——竖向渗流的平均渗透系数；

　　　k_i——每个土层的渗透系数；

　　　h_i——每个土层的厚度。

由公式（5.3）和（5.4）分别推算出基坑外水平层流的平均渗透系数为 0.052 2 cm/s（45.10 m/d）和坑内降水时竖向渗流的平均渗透系数为 0.018 5 cm/s（15.96 m/d）。

5.3 现场渗流特性试验

5.3.1 杂填土特征

杂填土具有下列特征：

（1）成分复杂。包括有瓦砾、块石、碎砖和腐木等建筑垃圾，杂物和炉渣等生活垃圾，及矿渣、煤渣、工业塑料等工业废料。

（2）无规律性。成层厚度不一，土的颗粒和空隙有大有小，强度和压缩性也很不一致，性质有软有硬。

（3）含腐殖质及水化物。杂填土的主要成分是生活垃圾，含有大量的腐殖质，随着有机质的腐化，地基沉降将增大[59]。

淤泥质粉质黏土、砾砂和细砂成分稳定，级配均匀，所以通过室内试验测得的渗透系数相对稳定，但从室内试验测得的杂填土的渗透系数具有局限性，不能代表整个场地的渗透系数。所以本节通过现场试验测定场区的平均渗透系数，并反推杂填土的渗透系数。

5.3.2 管井降水设计原理

1. 基坑圆形概化的等效半径

非圆形基坑概化为圆形基坑，其等效半径按公式（5.5）的规定计算。矩形基坑等效半径：

$$r_0 = 0.29(a+b) \quad (5.5)$$

式中 r_0——矩形基坑圆形概化后的等效半径，m；

　　　a、b——基坑的长、短边，m。

2. 降水井影响半径

降水井的影响半径 R 宜通过试验或根据当地经验确定；当基坑侧壁安全等级为二、三级时，可按公式（5.6）或式（5.7）计算。

（1）当含水层是潜水含水层时，

$$R = 2S\sqrt{kH} \tag{5.6}$$

式中 R——降水井的影响半径，m；
　　S——降水井外壁处的水位降深，m；
　　k——含水层的渗透系数，m/d；
　　H——潜水含水层厚度，m。

（2）含水层为承压含水层时，

$$R = 10S\sqrt{k} \tag{5.7}$$

3. 基坑涌水量计算

降水井为均质含水层承压水完整井，同时在基坑外降水时，采用公式（5.8）计算基坑涌水量，如图 5.7 所示。

$$Q = 2.73k\frac{MS}{\lg(2b/r_0)} \tag{5.8}$$

式中 Q——基坑涌水量，m³/d；
　　M——承压含水层厚度。

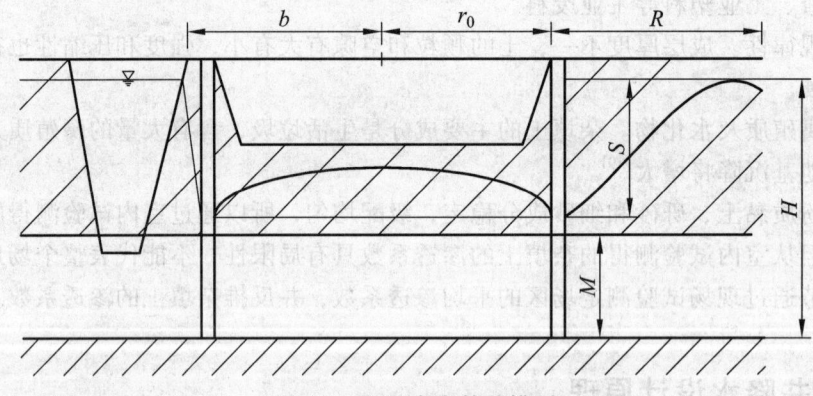

图 5.7 承压水完整井模型

4. 基坑周围降水所需要的井点数

降水井的井点数量 n 按公式（5.9）计算：

$$n = \frac{1.1Q}{q} \tag{5.9}$$

式中 Q——基坑总涌水量，m³/d；
　　q——设计单井出水量，m³/d。

5.3.3 现场渗流试验的方法

现场试验测定方法采用井孔抽水试验，其试验示意图如图 5.8 所示。

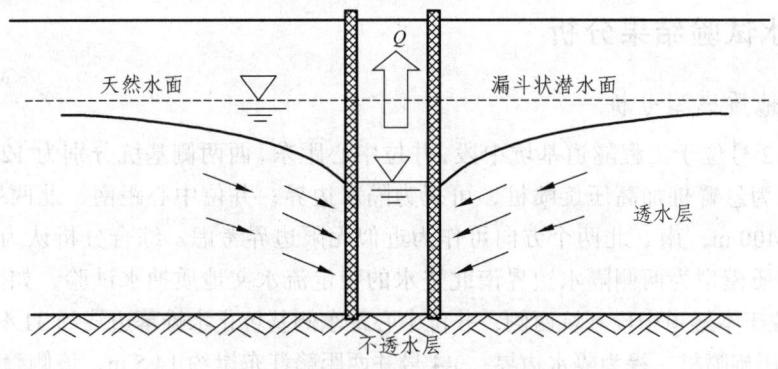

图5.8 现场井孔抽水试验示意图

本次专项水文试验根据场地条件，布设了两组井孔进行抽水试验，其中基坑内抽水试验一组，基坑外抽水试验一组，基坑内外抽水主井各一个，水位观测井5个。抽水试验井的平面布置如图5.9所示。抽水试验井组的布置情况如表5.2所示。

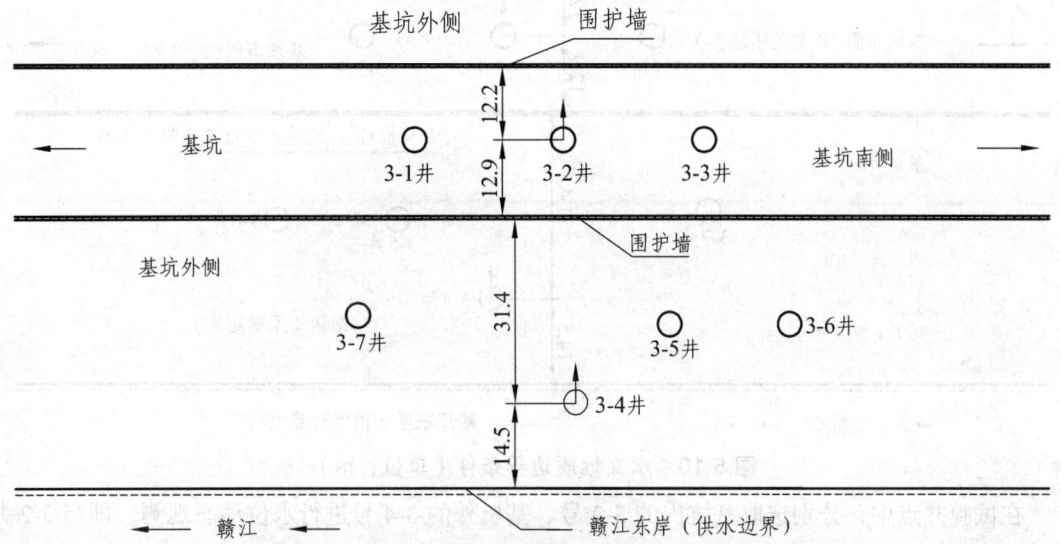

图5.9 抽水试验井的平面布置图（单位：m）

表5.2 抽水试验工作布置情况表

抽水主井		观测井											
组别	主井	孔号	至主孔(m)	孔号	至主孔(m)	孔号	至主孔(m)	孔号	至主孔(m)	孔号	至主孔(m)	孔号	至主孔(m)
1	3-2	3-1	25.7	3-3	24.4	3-7	41.5	3-4	44.2	3-5	39.4	3-6	53.4
2	3-4	3-1	51.4	3-2	25.7	3-3	24.4	3-7	33.7	3-5	26.3	3-6	47.1

5.3.4 抽水试验结果分析

1. 水文地质模型分析

抽水井3-2号位于工程隧道基坑中段，井位中心距东、西两侧基坑分别为12.2 m、12.9 m，基坑支护体系为悬臂桩加高压旋喷桩，可视为隔水边界；井位中心距南、北两端基坑边线分别约300 m、400 m，南、北两个方向可作为近似无限边界考虑。综合分析认为，3-2号抽水试验的水文地质模型为两侧隔水边界南北进水的稳定流水文地质抽水试验，如图5.10所示。

3-4号井位于本隧道中段基坑西侧，井位中心距东侧基坑止水帷幕边线约31.4 m，支护体系为悬臂桩加高压旋喷桩，视为隔水边界；3-4号井西距赣江东岸约14.5 m，该侧赣江水体长年不枯，可视为供水边界；赣江为该抽水井的定水头补给边界。分析认为：3-4号抽水试验的水文地质模型为一侧隔水边界，另一侧为定水头补给边界的稳定流水文地质抽水试验，如图5.10所示。

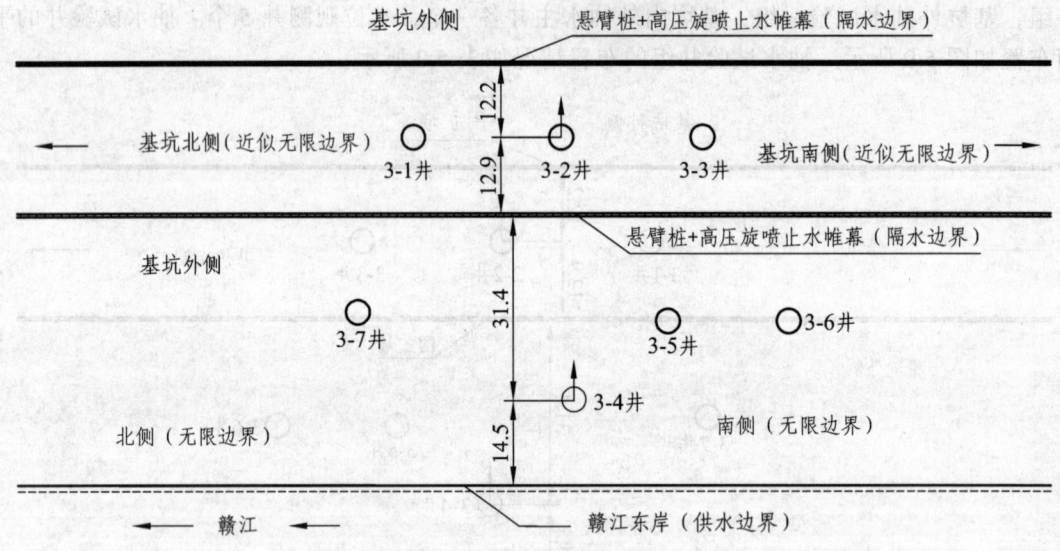

图5.10 水文地质边界条件（单位：m）

在试验井点中，分别选取基坑内的3-2号、基坑外的3-4号进行水位动态观测，即当3-2井作为抽水井时，3-1、3-3、3-7、3-4、3-5、3-6作为观测井；当3-4井作为抽水井时，3-1、3-2、3-3、3-7、3-5、3-6作为观测井。采用最大单降深抽水试验方式，稳定时间不小于22个小时，停抽后进行了恢复水位的观测，恢复水位观测时间不小于8小时。试验结果如表5.3所示。

表5.3 抽水试验结果汇总表

抽水井号	静止水位埋深（m）	降深（m）	涌水量（m³/d）	单位涌水量（m³/d）	观测孔降深（m）					
3-2	6.75	3.59	149.04	0.483	3-1	3-3	3-7	3-4	3-5	3-6
					0.48	1.33	0.15	0.06	0.09	0.08
3-4	9.35	2.50	228.24	1.057	3-1	3-2	3-3	3-7	3-5	3-6
					3.70	3.22		0.78	0.33	0.31
备注	基坑外3-4井抽水时，内侧井在进行基坑降水，故水位降深较外侧抽水井更大									

2. 水文地质计算公式的选用与计算结果

在上述选定的水文地质模型的基础上,根据采用的抽水试验方式,对3-2号、3-4号两井试验结果分别采用公式(5.10)、(5.11)进行渗流系数的计算,影响半径均按试验井至最近隔水边界距离考虑。

两侧隔水边界、承压水转无压水类型(基坑内的3-2号主孔抽水):

$$k = Q \times \{\ln[b_2/(\pi \times r_w)] + \pi R_0/(2b_2)\}/\{\pi[(2H-M) \times M - h^2]\} \qquad (5.10)$$

一侧隔水、另一侧定水头补给供水的潜水类型(基坑外3-4主孔抽水):

$$k = Q \times 2\ln[1.27b \times \cot(\pi b_2/2b)/r_w]/[2\pi(H^2 - h^2)] \qquad (5.11)$$

式中　K——渗透系数,m/d;
　　　Q——单井出水量,m³/d;
　　　b_1、b_2——试验井点至两侧边界的距离,$b=b_1+b_2$,m;
　　　r_w——井点半径,m;
　　　R_0——抽水影响半径,m;
　　　M——承压含水层厚度,m;
　　　H——潜水含水层厚度或静水头高度,m;
　　　h——动水头高度,m。

根据3-2号、3-4号井的抽水试验资料,按上述选定公式,基坑内外现状条件下的地下含水层渗透系数计算如表5.4所示。

表5.4　含水层渗透系数计算成果一览表

试验井号	单井出水量 Q (m³/d)	至边界距离 b_1 (m)	至边界距离 b_2 (m)	两侧边界和 b (m)	影响半径 R_0 (m)	含水层厚度 M (m)	静水头高度 H (m)	动水头高度 h (m)	选用公式	计算k值 (m/d)
3-2	149.04	12.2	12.9	25.1	12.2	4.50	6.05	2.46	(2-5)	7.60
3-4	228.24	31.4	14.5	45.8	31.4	3.45	3.45	0.95	(2-6)	66.8

3. 基坑内外地下水的连通性分析

基坑支护体系中地下水的连通性,利用3-2号井抽水试验的水位观测资料予以说明。主孔水位与观测孔的水位历时曲线如图5.11所示。

由图5.11可知,本次试验中水位变化呈以下特点:

(1)基坑内3-2号主孔抽水时,位于基坑内的3-1号、3-3号观测井与抽水井的水位变化下降明显,停抽后水位快速回升。

(2)而位于支护体系外侧的3-7号、3-4号、3-5号等观测井的水位变化幅度极小,降深最大(3-7号井)约14cm,最小(3-4号井)仅为6cm,基坑外侧井的水位变化不明显。

(3)通过计算发现,基坑外侧观测井水位下降值仅是同距的基坑内观测井水位下降值的1/4~1/30。

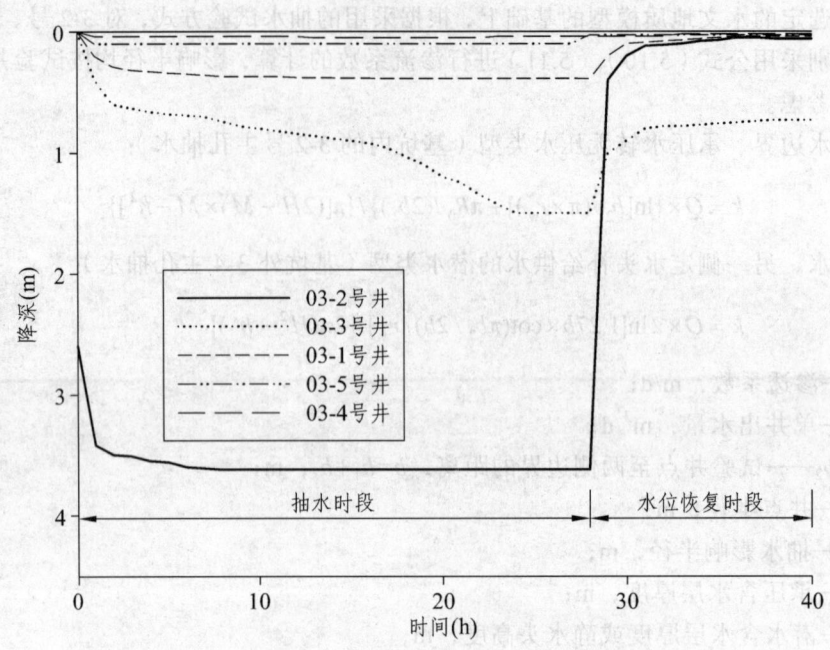

图5.11 3-2号井及相关井点水位降深历时曲线

抽水试验表明：支护体系还是起到了一定的止水作用，止水效果较为显著，但同时也表现出支护体系还存在着一定的渗漏通道。

5.3.5 试验影响因素的分析

经前述，在建立本次试验相关水文地质模型的基础上，进行了相应的渗透计算，计算结果分别为：$k_{基坑内}$ = 7.60 m/d，$k_{基坑外}$ = 66.8 m/d。计算取得的渗透系数，与南昌地区内同类含水层渗透系数经验数据 80~100 m/d 比较，相对均偏小，分析认为主要受本次抽水试验的下列因素影响。

（1）基坑内侧主孔抽水过程中，基坑土方已经开挖施工，基坑内大面积管井降水已一个月有余。受场地地下水的限制，试验期间其他降水管井也在进行施工降水作业，存在着疏干地下水的过程。理论上，基坑内水流量要比现今实际抽水试验流量大一些，水位降深也会相对较小，所以本次基坑内通过试验计算所得的含水层渗透系数比实际情况会偏小。

（2）试验期间正值赣江枯水时段，同期内赣江水位标高在 11~12 m，与本次坑外试验井的水位（11.85 m）较为一致。由于赣江水位低，造成含水层厚度变薄，以至抽水试验降深偏大，主井出水量偏小，所以计算出的渗透系数相对偏小。

（3）据调查访问，附近地段赣江大堤可能曾进行过防渗处理，市政建设也曾采取过地下水防渗堵截措施。各种工程建设引起区段内地下水含水层及地下水的补径排条件的变化，存在导致区段内地下含水层渗透性降低的可能性。

5.3.6 结果分析

1. 相关建议与说明

因本次试验正值赣江最枯时段,试验地段支护体系止水帷幕虽存在局部渗漏通道,但试验期间的渗漏量、渗漏速度与相关连通性表现不甚明显。至次年 3~5 月份期间,赣江水位处于长期高水位状态,且其最高水位较现在上升可达 10 m,丰水期间的常水位达 17 m 左右,高出现阶段河水位约达 6 m,基坑内外侧水头差将大大增加,存在导致止水帷幕薄弱地段贯通的可能。因此在坑内降水的同时,基坑外侧也宜设置相应数量的工程降水井点,随时准备进行开挖期间的坑外降水。

因止水帷幕存在局部通道,如图 5.12 所示,故基坑内降水不宜采用固定储水量疏干开采设计模式,宜按有一定补给条件下的渗透系数计算模式。

图 5.12 围护止水帷幕出现渗漏孔

综合上述分析,考虑不利条件下工程的安全性保障,建议渗透系数取用值为:$k_{基坑内}$ = 40 m/d,$k_{基坑外}$ = 100 m/d。

2. 主要结论

依据本次抽水试验测出的渗透系数分别为 $k_{基坑内}$ = 7.60 m/d,$k_{基坑外}$ = 66.8 m/d,而室内渗透试验预计的渗透系数为 $k_{基坑内}$ = 15.96 m/d,$k_{基坑外}$ = 45.10 m/d。从结果中得知,现场渗透试验基坑内的渗透系数小于室内渗透试验基坑内的渗透系数。这是由于,室内试验是在假设没有设置围护止水帷幕时测出的,而现场有围护止水帷幕的存在,说明止水帷幕支护体系还是起到了一定的止水作用;而基坑外的渗透系数室内试验小于现场试验测得的渗透系数,这是由杂填土的性质决定的。

考虑到杂填土的不均匀性,为安全起见,在模拟渗流对基坑变形的影响时,取基坑内渗透系数为 $k_{基坑内}$ = 40 m/d,而基坑外的渗透系数 $k_{基坑外}$ = 100 m/d,由公式(5.3)和式(5.4)推算出在这种不利情况下杂填土的渗透系数为 0.104 2 cm/s(90.02 m/d)。

5.4 三区试验段降水工程

5.4.1 三区试验段概况

三区试验段工程简述：

（1）三区试验段里程为：B1K1+648.27（B1-9）~B1K1+943.271（B1-16），全长 295 m。

（2）基坑最大降深：最深的 B1-15 底板底标高为 9.69 m，降水降到底板下 1 m，标高为 8.69 m；基坑最大降深 $S=7.31$ m；降水长度为 295 m；基坑平均宽度为 35 m。

（3）由于整个隧道工程从围护结构施工至隧道结构主体完成，时间只有 6 个月，工期十分紧张。在有限的时间内要完成围护结构钻孔灌注桩 2 000 余根、高压旋喷止水帷幕桩 9 000 余根、开挖土方 21 万余立方米、安装钢支撑 2 000 t，任务繁重。整个隧道基本沿抚河路和沿江北大道布设，毗邻赣江，地质、地形条件复杂。由于受滕王阁拆迁的限制，施工便道不畅通。

（4）为了保证施工计划进度的完成，整个隧道工程按三个工区四个作业面组织流水或者平行施工。第一工区（第一作业面）为滕王阁广场至民德路；第二工区（第二作业面）为滕王阁广场至叠山路；第三工区分为两个作业面，第三作业面为九龙桥至叠山路，第四作业面为九龙桥至八一桥。

5.4.2 试验段降水的目的

基坑降水的成功是基坑土方开挖的先决条件，因此，必须严格按照设计及规范要求，进行工程基坑降水作业。

（1）通过将基坑内外降水及时疏干和降低开挖范围内土层的地下水，使土层得以压缩固结，以提高土层的水平抗力，防止开挖面的土体隆起。

（2）在基坑开挖施工时做到及时降低围护幕墙内基坑中的地下水，保证基坑始终处于干开挖的施工状态，保证基坑开挖顺序进行。

（3）通过基坑外降水井的设置，有效降低基坑外水压，提高围护结构的安全性能，使基坑开挖始终在安全可控的状态下推进。

（4）通过三区试验段降水的试验，掌握本地区地质条件下降水管井的计算模型，管井的布置、间距、降深、影响半径等，积累经验与数据，为后续的一、二、四作业面降水施工设计提供依据，并正确指导后续降水施工。

5.4.3 三区试验段降水的原因

（1）围护结构高压旋喷桩施工周期较短。

由于工期的关系，三区基坑土方开挖时，部分高压旋喷桩 28 天或者 56 天龄期未到，高压旋喷桩强度还难以达到设计要求的强度和渗透系数。基坑提前开挖可能造成高压旋喷桩局部或部分产生渗透，对基坑开挖不利，必须同时对基坑内外进行降水。

（2）由于地质的原因，高压旋喷桩浆液与土层的胶结达不到预期的要求。

赣江水位线以下局部地质为细砂、砾砂。根据收集到的资料信息，在细砂、砾砂层，高压旋喷桩浆液与细砂、砾砂胶结效果不是很好，止水效果达不到设计或主观预期的要求。

（3）地质钻探取芯的结果显示，高压旋喷桩的效果不尽如人意。

（4）由于地处赣江边，含水层富水性好，受动水的影响，水泥浆在动水层中与细砂、砾砂土凝固胶着成型较慢，形成一定的强度需要的时间很长。

（5）地铁珠江路车站基坑突涌，5分钟时间不到，基坑涌进100 m³细砂，造成地面坍陷，周边管网破坏。这主要是基坑渗漏水，围护结构止水帷幕出现问题造成的。

（6）施工过程中，由于基坑土方开挖、结构施工、抽水到一定阶段后，会造成部分降水井的破坏。

因此，在基坑内外布置降水井（疏干井）是必需的，也是确保基坑开挖安全、结构施工安全的举措。

5.4.4　降水方案

根据江西省地质勘察设计研究院提供的《工程地质勘察报告》，拟建工程场地地下水类型分为上层滞水、松散岩类孔隙水、红色屑岩类裂隙孔隙水三种类型，无承压水层。影响基坑开挖施工的主要是松散岩类孔隙水，即潜水。围护结构体系已将透水层淤泥质粉土层、细砂、砾砂层全部隔断，施工中仅需要对开挖土层内的潜水进行疏干即可。

降水分为基坑内降水和基坑外降水，采用井点降水的方法，降水井管直径0.4 m，泥孔径0.8 m，滤水层厚0.2 m，滤水层采用3~15 mm级配砾石过滤层。管井为400 mm PVC加筋管（PVC加筋管是以硬聚氯乙烯为主要原料，由挤出机一次挤出成型加工生产的内壁光滑、外壁带有垂直加强筋的新颖管道，结构合理、强度高），底节作为滤管，滤管壁周围钻取直径为10 mm的梅花形孔，外包2层20目滤网，滤网与管井用12#铅丝捆扎固定。降水井构造如图5.13所示。

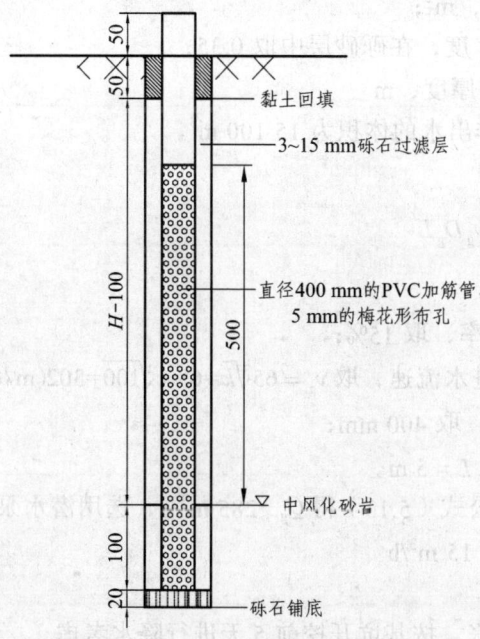

图5.13　降水井构造（单位：cm）

1. 基坑内疏干井设计

基坑内降水是在基坑开挖前,将基坑内水位降到隧道结构底板下 1.0 m 左右,以保证基坑开挖在无水条件下进行;同时通过降排水使得开挖面土体固结压缩,显著提高土层的水平抗力,防止开挖面的土体隆起。基坑内降排水以管井降水为主,明沟排水为辅。

(1)计算模型概化。

围护结构采用 $\phi1\,000@1\,500$ mm 钻孔灌注桩+$\phi1\,000@1\,500$ mm 的高压旋喷桩止水帷幕。围护桩作为截水帷幕,使坑内的潜水含水层增加了一个不透水边界,也使潜水含水层坑内外失去了水力联系,所以坑内降水对坑外一般影响较小,甚至没有影响。

根据之前钻孔灌注桩施工的实际情况,结合赣江水位变化的情况,结构底板标高在 16.00 m 以上的地段不考虑管井排水,基坑开挖过程设截水沟、排水沟及集水井排水。

(2)疏干井降水计算。

最深的 B1-15 底板底标高为 9.69 m,降水降到底板下 1 m,即标高为 8.69 m。基坑最大降水 S = 7.31 m。

第三区试验段里程为 B1K1+648.27(B1-9)~ B1K1+943.271(B1-16),所以降水长度 a 约计为 295 m。基坑的开挖面积 $A = a \times b$ = 295 m × 35 m = 10 325 m²,其中,b 为基坑开挖宽度。

① 排水量计算。

在周围没有渗入补给的情况下,当地水位下降至基坑最深的开挖面即底板下 1 m 时,应排出水的体积由公式(5.12)计算:

$$Q = \mu F M \tag{5.12}$$

式中　Q——排出水的体积,m³;

　　　F——基坑汇水面积,m²;

　　　μ——含水层的给水度,在砾砂层中取 0.35;

　　　M——疏干的含水层厚度,m。

故由公式(5.12)得排出水的体积为 15 100 m³。

② 单井出水量。

$$Q_g = \pi n v_g D_g L \tag{5.13}$$

式中　Q_g——单井出水量;

　　　n——过滤管的孔隙率,取 15%;

　　　v_g——允许过滤管进水流速,取 $v_g = 65\sqrt[3]{k} = 65 \times \sqrt[3]{100} = 302 \text{(m/d)}$,$k$ 为渗透系数;

　　　D_g——过滤管外径,取 400 mm;

　　　L——过滤管长度,L = 5 m。

故单井的出水能力由公式(5.13)得 Q_g = 285 m³/d,选用潜水泵型号为 QY15-36-3,扬程 36 m,功率 3 kW,出水量 15 m³/h。

③ 所需管井数量。

由于基坑开挖时间紧张,按基坑开挖前 5 天进行降水考虑,

$$n \geq \frac{1.1Q}{Q_g \times t} \tag{5.14}$$

因此,所需要的管井数量由公式(5.12)、(5.13)和(5.14)知,应在基坑内布置 12 口疏干井。

2. 基坑外降水井设计

基坑外降水是考虑到由于地质情况的复杂及特殊性,高压旋喷桩(围护结构止水帷幕)不能完全发挥作用,基坑外的水有可能渗到基坑中。在基坑外降水,可以阻隔基坑外的水进入基坑内,提高基坑开挖安全稳定性。

基坑外降水时,目的含水层为下部砂层,降水过程中水位下降对砂层固结压缩作用较小,不致因土层压缩对周边建筑物造成破坏性影响。

(1)降水参数确定。

降水参数如表 5.5 所示。

表 5.5 降水参数表

参　数	取　值
渗透系数 k	100 m/d
地下水位标高	16 m
含水层底板标高均值	8.44 m
设计最低动水位均值	10.15 m
设计降深均值 S	5.85 m
基坑宽度 b	35 m

承压含水层厚度 $M = 10.15 - 8.44 = 1.71$ m;基坑长度 $a = 295$ m,分段计算时取 1.5 倍基坑宽度作为涌水量计算长度,即 $a_1 = 1.5 \times 35 = 52.5$ m,$a_2 = 32.5$ m。

等效影响半径:

$$r_{01} = 0.29 \times (a_1 + b) \tag{5.15}$$

$$r_{02} = 0.29 \times (a_2 + b) \tag{5.16}$$

由已知条件联立公式(5.15)、(5.16),得等效影响半径 $r_{01} = 25.375$ m,$r_{02} = 19.575$ m。

(2)基坑涌水量计算。

① 基坑涌水量计算模型。

拟建工程紧邻赣江,基坑场地含水层主要是砂层。多数情况下,地下水具承压性,故水文地质模型按均质含水层承压水完整井涌水量当基坑位于河岸边时计算,即按式(5.8)计算。

② 基坑涌水量计算。

三区试验段长度为 295 m,分 6 段进行计算。当基坑平均降深为 5.85 m 时,涌水量为

$$Q_1 = 2.73k \times \frac{MS}{\lg\left(\frac{2b}{r_{01}}\right)} \tag{5.17}$$

$$Q_2 = 2.73k \times \frac{MS}{\lg\left(\frac{2b}{r_{02}}\right)} \tag{5.18}$$

由公式(5.15)~(5.18)联立得 $Q_1 = 3\,547\ \text{m}^3/\text{d}$, $Q_2 = 3\,089\ \text{m}^3/\text{d}$。

③ 单井最大出水量计算。

管井最大出水量计算公式：

$$q = 120\pi r_s l \sqrt[3]{k} \tag{5.19}$$

式中 r_s——过滤器半径，m；

l——过滤器进水部分长度，m；

k——含水层渗透系数，m/d。

故由公式(5.20)得 $q = 1\,463\ \text{m}^3$，选用潜水泵型号为 WQ60-36-22，扬程 36 m，功率 22 kW，泵出水量 60 m³/h。

④ 基坑外降水总井数。

降水井的总井数 n 可按下式计算：

$$n_1 = 1.1\frac{Q}{q} = 1.1 \times \frac{3\,547}{1\,463} = 3\ \text{口}$$

$$n_2 = 1.1\frac{Q}{q} = 1.1 \times \frac{3\,089}{1\,463} = 2\ \text{口}$$

$$N = 5n_1 + n_2 = 17\ \text{口}$$

因此，应在基坑外布置 17 口降水井。

3. 基坑降水的要求

基坑内拟布置 12 口疏干井，深度要求进入中风化岩 1 m，基坑外拟布置 17 口降水井，深度为进入中风化岩 1 m。

施工前根据降水设计的技术要求，结合工程地质勘察报告，对前三口降水井进行试验抽水。进行抽水试验时，对第一口井和第三口井进行抽水试验，中间的第二口井暂时用作水位观测井，确定每口井的出水总量是否大于计算中设定的单井出水水量，再对水井点的布置、数量、降水指标等内容进行调整，既要达到降水效果，满足基坑开挖条件，保证基坑施工安全，又要较好地控制坑外地基的变形，确保周边管线和建筑物的安全。

降水井施工紧跟在基坑钻孔灌注桩、高压旋喷止水帷幕后进行，基坑土方开挖前 5 天开始降水。降水井开始运行后定期对井内的水位进行观察，检查降水效果，确保基坑土体达到预期的效果。

第 6 章 濒江杂填土条件下基坑渗流场模拟分析

6.1 引 言

在基坑的开挖过程中，随着基坑开挖深度的增加、坑内水位的不断下降，土体中渗流场发生变化，土体的各向异性和成层分布、围护止水帷幕和降水措施等因素，也会使基坑渗流场变得复杂。

基坑渗流场的变化，使基坑存在两个主要问题：

（1）围护墙后的土体发生沉降。深基坑工程中，地下水的渗流将会使基坑周围形成较大的降水漏斗。随着开挖的进行，地下水自由面不断下降，从而使坑外土体的有效应力增加，墙后土体将发生不均匀固结沉降。

（2）基坑容易产生渗透破坏。渗流作用引起的土体渗透破坏形式可分为管涌和流土两种。

在地下水丰富、渗透系数较大的地区进行支护开挖时，通常需要在基坑内降水。如果围护结构自身不透水，由于基坑内外水位差，会导致基坑外的地下水绕过围护墙下端向基坑内渗流。这种渗流产生的渗流力在墙背后作用方向向下，而在墙前（基坑）内侧作用方向则向上。当渗流力大于土的浮重度时，土颗粒就会随水流向上喷涌。在不连续砂性土中，有可能开始时土中细粒通过粗粒的间隙被水流带出，产生管涌现象。随着渗流通道变大，土颗粒对水流阻力减小，渗流力增大，使大量砂粒随水流涌出，形成流砂，加剧危害。在软黏土地基中，渗流力往往使地基产生突发性的泥流涌出。当基坑内外水头差过大时，可以考虑采用基坑外降水来降低基坑内外的水头差，以减小对基坑围护结构的影响。

综上所述，深入研究基坑工程的渗流场特性，具有十分重要的理论意义和实践价值。本章在第 5 章地下水渗透试验的基础上，对基坑降水采用二维有限元法分析基坑渗流特性。

6.2 二维渗流有限元计算原理

目前，岩土工程中研究渗流的数值方法有：有限差分法、有限元法和边界元法等，有时将后两种方法耦合求解。其中，有限单元法具有对边界适应性好、精度高、能够使计算法则和程序标准化等优点，现已被广泛采用，是一种求解复杂渗流问题的较好方法，因而更适用于基坑工程的渗流分析。

6.2.1 基本方程式

达西定律的二维非均质各向异性土体渗流，考虑土和水的压缩性，其水头函数所满足的基本方程为

$$\frac{\partial}{\partial x}\left(k_x \frac{\partial h}{\partial x}\right) + \frac{\partial}{\partial y}\left(k_y \frac{\partial h}{\partial y}\right) = S_s \frac{\partial h}{\partial t} \quad (6.1)$$

初始条件：

$$h(x, y, 0) = h_0(x, y)$$

边界条件：

水头边界： $h\big|_{\Gamma_1} = \bar{h}(x, y, t)$

流量边界： $k_n \dfrac{\partial h}{\partial n}\bigg|_{\Gamma_2} = -\bar{q}(h, x, y, t)$

式中，$h = \bar{h}(x, y, t)$ 为待求水头函数；

k_x、k_y 是以 x、y 轴为主轴方向的渗透系数；

$S_s = \rho g(\alpha + n\beta)$，为单位贮水量；

α、β 分别为土和水的压缩系数。

Γ_1 为第一类边界，如上、下游水位边界和自由渗出面等已知水头边界；Γ_2 为不透水边界面和潜流边界面等第二类边界（已知流量边界）。

当不考虑水和土的压缩时，$S_s = 0$，则公式（6.1）转化为

$$\frac{\partial}{\partial x}\left(k_x \frac{\partial h}{\partial x}\right) + \frac{\partial}{\partial y}\left(k_y \frac{\partial h}{\partial y}\right) = 0 \quad (6.2)$$

公式（6.2）即平面恒定渗流的微分方程，结合变动的自由面边界，可以解非恒定渗流问题。

6.2.2 变分有限元计算公式

由变分原理，定解问题与下列泛函数取极小值等价：

$$I(h) = \iint_\Omega \left\{\frac{1}{2}\left[k_x\left(\frac{\partial h}{\partial x}\right)^2 + k_y\left(\frac{\partial h}{\partial y}\right)^2\right] + S_s h \frac{\partial h}{\partial t}\right\} dxdy + \int_{\Gamma_2} qh d\Gamma \quad (6.3)$$

有限元法是用有限个单元的集合体代替连续渗流场的方法。剖分成若干个单元后，渗流场就分解为各个单元之和，Γ_2 边界则分解为一些特定的直线（线元）之和。则泛函式（6.3）相应地分解为有关单元泛函数之和，即

$$I(h) = \sum_{e=1}^m \iint_\Omega \left\{\frac{1}{2}\left[k_x\left(\frac{\partial h}{\partial x}\right)^2 + k_y\left(\frac{\partial h}{\partial y}\right)^2\right] + S_s h \frac{\partial h}{\partial t}\right\} dxdy + \sum_{j=1}^k \int_{\Gamma_2} qh d\Gamma \quad (6.4)$$

以 $I^e(h)$ 表示单元 e 上的泛函数，即

$$I^e(h) = \iint_\Omega \left\{ \frac{1}{2}\left[k_x\left(\frac{\partial h}{\partial x}\right)^2 + k_y\left(\frac{\partial h}{\partial y}\right)^2\right] + S_s h \frac{\partial h}{\partial t} \right\} dxdy + \int_{\Gamma_2} qh d\Gamma = I_1^e + I_2^e + I_3^e \quad (6.5)$$

对 I_1^e、I_2^e、I_3^e 分别求导和极小值，以平面 4 节点等参单元为例。

水头模式：
$$h = \sum_{i=1}^{4} N_i(\xi,\eta) h_i$$

转化成矩阵形式：
$$\boldsymbol{h} = [N]_{1\times 4}\{h\}^e \quad (6.6)$$

式中 $[N]_{1\times 4} = [N_1\ N_2\ N_3\ N_4]$。

坐标变换式：
$$x = \sum_{i=1}^{4} N_i(\xi,\eta) x_i$$
$$y = \sum_{i=1}^{4} N_i(\xi,\eta) y_i$$

式中 $N_i(\xi,\eta) = \frac{1}{4}(1+\xi_i\xi)(1+\eta_i\eta) \quad (i=1,2,3,4)$。

对水头求偏导数得

$$\begin{Bmatrix} \dfrac{\partial h}{\partial x} \\ \dfrac{\partial h}{\partial y} \end{Bmatrix} = [B]\{h\}^e \quad (6.7)$$

$$[B] = \begin{bmatrix} \dfrac{\partial N_1}{\partial x} & \dfrac{\partial N_2}{\partial x} & \dfrac{\partial N_3}{\partial x} & \dfrac{\partial N_4}{\partial x} \\ \dfrac{\partial N_1}{\partial y} & \dfrac{\partial N_2}{\partial y} & \dfrac{\partial N_3}{\partial y} & \dfrac{\partial N_4}{\partial y} \end{bmatrix} = [J]^{-1} \begin{bmatrix} \dfrac{\partial N_1}{\partial \xi} & \dfrac{\partial N_2}{\partial \xi} & \dfrac{\partial N_3}{\partial \xi} & \dfrac{\partial N_4}{\partial \xi} \\ \dfrac{\partial N_1}{\partial \eta} & \dfrac{\partial N_2}{\partial \eta} & \dfrac{\partial N_3}{\partial \eta} & \dfrac{\partial N_4}{\partial \eta} \end{bmatrix} = \begin{bmatrix} B_1 \\ B_2 \end{bmatrix} \quad (6.8)$$

式中 $B_1 = \begin{bmatrix} \dfrac{\partial N_1}{\partial x} & \dfrac{\partial N_2}{\partial x} & \dfrac{\partial N_3}{\partial x} & \dfrac{\partial N_4}{\partial x} \end{bmatrix}$；$B_2 = \begin{bmatrix} \dfrac{\partial N_1}{\partial y} & \dfrac{\partial N_2}{\partial y} & \dfrac{\partial N_3}{\partial y} & \dfrac{\partial N_4}{\partial y} \end{bmatrix}$。

雅可比行列式：

$$[J] = \begin{bmatrix} \dfrac{\partial x}{\partial \xi} & \dfrac{\partial y}{\partial \xi} \\ \dfrac{\partial x}{\partial \eta} & \dfrac{\partial x}{\partial \eta} \end{bmatrix} = \begin{bmatrix} \sum\limits_{i=1}^{4}\dfrac{\partial N_i}{\partial \xi}x_i & \sum\limits_{i=1}^{4}\dfrac{\partial N_i}{\partial \xi}y_i \\ \sum\limits_{i=1}^{4}\dfrac{\partial N_i}{\partial \eta}x_i & \sum\limits_{i=1}^{4}\dfrac{\partial N_i}{\partial \eta}x_i \end{bmatrix} \quad (6.9)$$

对 I_1^e 求导：

$$\frac{\partial I_1^e}{\partial \{h\}^e} = \frac{\partial}{\partial \{h\}^e} \iint_e \frac{1}{2}\left[k_x\left(\frac{\partial h}{\partial x}\right)^2 + k_y\left(\frac{\partial h}{\partial y}\right)^2\right]dxdy \tag{6.10}$$

将（6.7）代入公式（6.10）得

$$\begin{aligned}\frac{\partial I_1^e}{\partial \{h\}^e} &= \frac{\partial}{\partial \{h\}^e} \iint_e \frac{1}{2}[k_x([B_1]\{h\}^e)^2 + k_y([B_2]\{h\}^e)^2]dxdy \\ &= \iint_e ([B_1]k_x[B_1]^T + [B_2]k_y[B_2]^T)[J]d\xi d\eta\{h\}^e \\ &= [K]^e\{h\}^e\end{aligned} \tag{6.11}$$

对 I_2^e 求导，将公式（6.6）两边对时间求导得

$$\frac{\partial h}{\partial t} = [N]\left\{\frac{\partial h}{\partial t}\right\}^e$$

则

$$\frac{\partial I_2^e}{\partial \{h\}^e} = \frac{\partial}{\partial \{h\}^e} \iint_e S_s h \frac{\partial h}{\partial t} dxdy = \iint_e \frac{\partial}{\partial \{h\}^e}(S_s[N]\{h\}^e[N]^T\left\{\frac{\partial h}{\partial t}\right\}^e)dxdy$$

$$\iint_e [N]S_s[N]^T[J]d\xi d\eta\left\{\frac{\partial h}{\partial t}\right\}^e = [S]^e\left\{\frac{\partial h}{\partial t}\right\}^e \tag{6.12}$$

对于不透水边界，流量为零，该项不需要考虑。针对可变动自由面边界讨论，将自由边界看成第二类边界条件 Γ_2 的流量补给关系：

$$q = \mu[N]\left\{\frac{\partial h^*}{\partial t}\right\}^e \cos\theta$$

式中 h^*——渗流自由面上的水头；

μ——渗流自由面变动范围内土体有效空隙率活给水度；

θ——渗流自由面外法向与铅垂线的夹角。

对 I_3^e 求导：

$$\begin{aligned}\frac{\partial I_3^e}{\partial \{h\}^e} &= \frac{\partial}{\partial \{h\}^e} \int_{\Gamma_2} qh d\Gamma = \int_{\Gamma_2} \frac{\partial}{\partial \{h\}^e}\left([N]\left\{\frac{\partial h^*}{\partial t}\right\}^e \cos\theta[N]\{h\}^e\right)d\Gamma \\ &= \int_{\Gamma_2} \mu[N][N]^T \cos\theta\left\{\frac{\partial h^*}{\partial t}\right\}^e = [P]^e\left\{\frac{\partial h^*}{\partial t}\right\}^e\end{aligned} \tag{6.13}$$

将公式(6.11)~(6.13)求和,则对任意单元 e 有

$$\left\{\frac{\partial I}{\partial h}\right\}^e = [K]^e\{h\}^e + [S]^e\left\{\frac{\partial h}{\partial t}\right\}^e + [P]^e\left\{\frac{\partial h^*}{\partial t}\right\}^e \tag{6.14}$$

公式(6.14)中,如果是非稳定渗流,则自由面边界条件单元是三项之和;而对于内部单元或者恒定渗流,则只有两项之和。

$$\frac{\partial I}{\partial h_i} = \sum_e \frac{\partial I^e}{\partial h_i} = 0 \quad (i = 1,2,3)$$

式中　n ——节点总数;
　　　$\sum_e$ ——对所有单元求和。

将上述整体方程写成矩阵形式:

$$[K]\{h\} + [S]\left\{\frac{\partial h}{\partial t}\right\} + [P]\left\{\frac{\partial h^*}{\partial t}\right\} = \{F\} \tag{6.15}$$

式中　$\{F\}$ ——已知常数项,由已知水头节点得出。

对时间取得隐式有限差分后,则公式(6.15)成为

$$([K] + \frac{1}{\Delta t}[S])\{h\}_{t+\Delta t} + \frac{1}{\Delta t}[P]\{h^*\}_{t+\Delta t} - \frac{1}{\Delta t}[S]\{h\}_t - \frac{1}{\Delta t}[P]\{h^*\}_t = \{F\} \tag{6.16}$$

公式(6.16)是最好求的线性代数方程组。式中总系数矩阵和常数列向量中的典型元素都是对各单元求和,即

$$K_{ij} = \sum_{e=1}^m K_{ij}^e \quad S_{ij} = \sum_{e=1}^m S_{ij}^e \quad P_{ij} = \sum_{e=1}^m P_{ij}^e \quad F_{ij} = \sum_{e=1}^m F_{ij}^e$$

式中　K_{ij}、S_{ij}、P_{ij} ——总体系数矩阵中的第 i 行第 j 列元素;
　　　K_{ij}^e、S_{ij}^e、P_{ij}^e ——各单元相应于总节点编号的第 i 行第 j 列元素;
　　　F_i^e ——相应于总节点的常数项;
　　　m ——单元数;
　　　m_1 ——渗流自由面上的单元数。

由式(6.16)可知,已知前一时刻 t 的节点水头分布,即可求出下一时刻 $t+\Delta t$ 的水头分布。因此,只要知道初始条件下的渗流场水头分布,即可计算基坑水位降落后边界条件改变时的渗流场水头分布。

当式(6.16)中的矩阵 $[S]=0$ 时,即得公式(6.2)中 $[S_s]=0$ 时的不可压缩土体的非恒定渗流有限元计算公式:

$$[k]\{h\}_{t+\Delta t} + \frac{1}{\Delta t}[P]\{h^*\}_{t+\Delta t} - \frac{1}{\Delta t}[P]\{h^*\}_t = \{F\} \tag{6.17}$$

不计时间项且 $[S]$、$[P]$ 矩阵为零时,得恒定渗流有限元计算公式:

$$[K]\{h\} = \{F\} \tag{6.18}$$

6.2.3 自由面渗流问题求解

自由面的渗流问题，是工程渗流分析中一个突出的难点，也是一个极为重要的问题。解决这一问题的主要困难在于自由面预先是未知的，渗出边界也是未知的，因此求解的渗流区域也是未知的。目前求解这类问题的有限元分析方法总体上分为两类：变网格迭代法和固定网格迭代法。变网格迭代法的缺点是在每次迭代中都要确定自由面的位置，并根据自由面的位置进行渗流网格的调整，这样不仅要重新形成和分解总体传导矩阵，耗费大量的计算机机时，而且在自由面附近的单元可能出现畸形，使解失真。于是目前国内外许多学者主要致力于固定网格法的研究，试图采用扩大渗流区域和固定边界来求解，以达到求解过程中单元网格不变的目的，于是先后产生了变单元渗透系数法、剩余流量法、改进剩余流量法、初流量法、变分不等式法和截止负压法等多种方法。上述方法中，初流量法具有只需一次形成和分解总体传导矩阵，并不需在每次迭代步中确定自由面的近似位置和判别自由面与单元相交的实际情形等诸多优点，因此初流量法是目前不变网格求解自由面渗流问题的一种较为有效的方法。

初流量法的基本原理类似于非线性应力分析中的初应力法，即在达西定律中增加一初流量项，通过对初流量值的调整，将非线性分析化为一系列线性分析。

以整个介质区域为考察对象，将达西定律改写为

$$\left. \begin{array}{l} v_x = -k_x \dfrac{\partial h}{\partial x} + q_x^0 \\ v_y = -k_y \dfrac{\partial h}{\partial y} + q_y^0 \end{array} \right\} \tag{6.19}$$

式中 q_x^0、q_y^0——初流量值。

由于非饱和区没有渗流发生，因此，实际渗流流速变为

$$\left. \begin{array}{l} v_x = -k_x^0 \dfrac{\partial h}{\partial x} \\ v_y = -k_y^0 \dfrac{\partial h}{\partial y} \end{array} \right\} \tag{6.20}$$

式中，对饱和区有 $k_x^0 = k_x$，$k_y^0 = k_y$；对非饱和区有 $k_x^0 = k_y^0 = 0$。

于是，初流量值为

$$\left. \begin{array}{l} q_x^0 = (-k_x^0 + k_x) \dfrac{\partial h}{\partial x} \\ q_y^0 = (-k_y^0 + k_y) \dfrac{\partial h}{\partial y} \end{array} \right\} \tag{6.21}$$

将（6.19）代入水流连续性方程，则整个渗流区域恒定渗流基本方程为

$$\frac{\partial}{\partial x}\left(-k_x\frac{\partial h}{\partial x}+q_x^0\right)+\frac{\partial}{\partial y}\left(-k_y\frac{\partial h}{\partial y}+q_y^0\right)=0 \tag{6.22}$$

取 4 节点等参元对整个区域离散,则单元内的水头分布为

$$h=\sum_{i=1}^{4}N_i h_i \tag{6.23}$$

再采用伽辽金有限元法,可得如下有限元支配方程:

$$\sum_{j=1}^{n}k_{ij}h_j=F_i+F_i^0 \tag{6.24}$$

其中:

$$k_{ij}=\int_{\Omega^e}\left(k_x\frac{\partial N_i}{\partial x}\cdot\frac{\partial N_j}{\partial x}+k_y\frac{\partial N_i}{\partial y}\cdot\frac{\partial N_j}{\partial y}\right)\mathrm{d}x\mathrm{d}y$$

$$F_i=\int_{\Gamma^e}N_i\bar{q}_n\mathrm{d}\Gamma$$

F_i^0 为附加的由初流量引起的节点流量列阵,则有

$$F_i^0=\int_{\Omega^e}\left(\frac{\partial N_i}{\partial x}q_x^0+\frac{\partial N_i}{\partial y}q_y^0\right)\mathrm{d}x\mathrm{d}y \tag{6.25}$$

公式(6.24)为非线性方程,需通过迭代求解,有限元迭代格式方程为

$$[K]\{h\}^{(m+1)}=\{F_0\}^{(m)}+\{F\} \tag{6.26}$$

$$\{F_0\}^{(m)}=\sum_e\int_{\Omega^e}[B]^T[k][1-H_e(h-y)][B]\mathrm{d}\Omega\{h^e\}^{(m)} \tag{6.27}$$

式中,$H_e(h-y)$ 为区域识别函数,定义

$$H_e(h-y)=\begin{cases}0,\ h-y\leqslant\varepsilon_1\\ \dfrac{h-y-\varepsilon_1}{\varepsilon_2-\varepsilon_1},\varepsilon_1\leqslant h-y\leqslant\varepsilon_2\\ 1,\varepsilon_2\leqslant h-y\end{cases} \tag{6.28}$$

其中,ε_1、ε_2 为两个很小的负数和正数。

6.3 濒江杂填土条件下基坑渗流有限元分析

本节在第 5 章地下水渗流试验的基础上,应用二维有限元法,对南昌市沿江中、北大道连通隧道基坑工程渗流进行模拟分析。

6.3.1 工程概况

拟建场地地处赣江冲积平原区，地貌单元为赣江Ⅱ级阶地，大部分拟建场地东侧为多层建筑物，西侧毗邻赣江。根据八一桥水文站观测资料，一般水位标高 14.5～17.5 m，历史最高水位为 22.52 m（1982-06-20），历史最低水位为 12.77 m（2007-05-24）。

根据水文观测资料推算，赣江主流百年一遇水位为 24.01 m，50 年一遇水位为 23.76 m。最大洪峰流量 21 200 m³/s（1982-06-20），最枯流量 172 m³/s，最大流速 2.53 m/s。根据地下水含水空间介质、水动力特征及赋存条件，工程场地地下水类型可分为上层滞水、松散岩类孔隙水、碎屑岩类裂隙溶蚀水三种类型。

滕王阁隧道工程紧邻赣江江边，围护桩距基坑边最小距离仅有 20 m。图 6.1 所示为基坑降水简图。

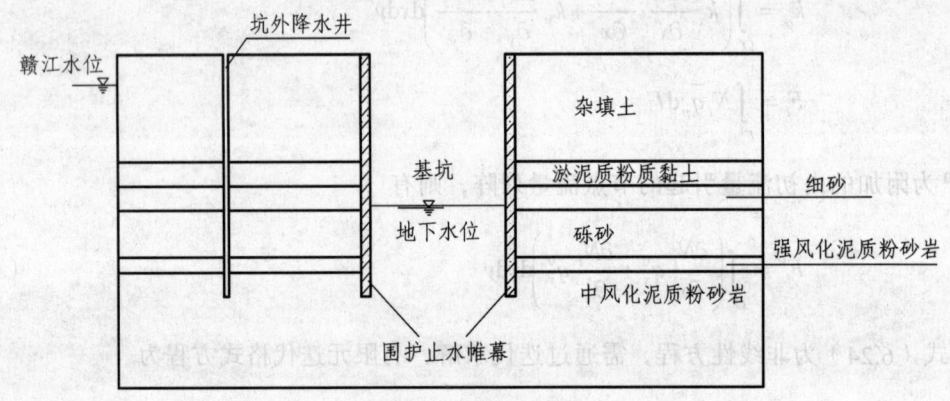

图 6.1 基坑降水简图

6.3.2 参数选取及工况

虽然本次试验正值赣江枯水期，但次年 3～5 月份期间，受降雨影响，赣江水位将明显上涨，且其最高水位较现在上升可达 10 m，丰水期间的常水位也在 17 m 左右，高出现阶段河水位约达 6 m，基坑内外侧水头差将大大增加，存在导致止水帷幕薄弱段贯通的可能。因此在坑内降水的同时，基坑外侧也宜设置相应数量的工程降水井点，随时准备进行开挖期间的坑外降水。所以，本次模拟基坑施工期间处于丰水期，赣江水位为 20 m，基坑开挖深度为 10 m，围护止水帷幕厚为 0.73 m，深度为 16 m，插入中风化泥质粉砂岩下 0.6 m，各土层简图如图 6.1 所示。各土层的渗透系数由第 5 章室内外试验测得，见表 6.1。基坑开挖降水施工顺序见表 6.2。

本次模拟的围护止水帷幕距离赣江约为 18.4 m，基坑降水分为两种工况，两种工况如下面所示，分析不同工况下，渗流场的特性。

工况 1：在基坑外不设置降水井，土层分布见表 6.1，计算简图和有限元网格划分分别如图 6.2 和图 6.3 所示。

表 6.1 各土层的渗透系数

土层	层厚（m）	k_x（m/d）	k_y（m/d）	工况 1 土层	工况 2 土层
杂填土	7.1	69.769	69.769	⑧	⑫⑬
淤泥质粉质黏土	1.6	2.829	2.829	⑦	⑩⑪
细砂	1.6	6.262	2.262	⑥	⑧⑨
砾砂	3.1	53.127	53.127	④⑤	⑤⑥⑦
强风化泥质粉砂岩	1	0.234	0.234	②③	②③④
中风化泥质粉砂岩	7.6	0.205	0.205	①	①

表 6.2 南昌沿江北大道与中大道连通隧道施工步骤

顺序	施工步骤
Step 1	土层的初始地应力平衡
Step 2	施加围护钻孔灌注桩的初始地应力平衡
Step 3	开挖 1 m，架设第一道混凝土支撑
Step 4	降水 7.0 m，开挖 6.5 m 至第二道支撑底面，架设第二道钢支撑
Step 5	降水至标高 11 m，开挖 10 m 至坑底，浇筑底板

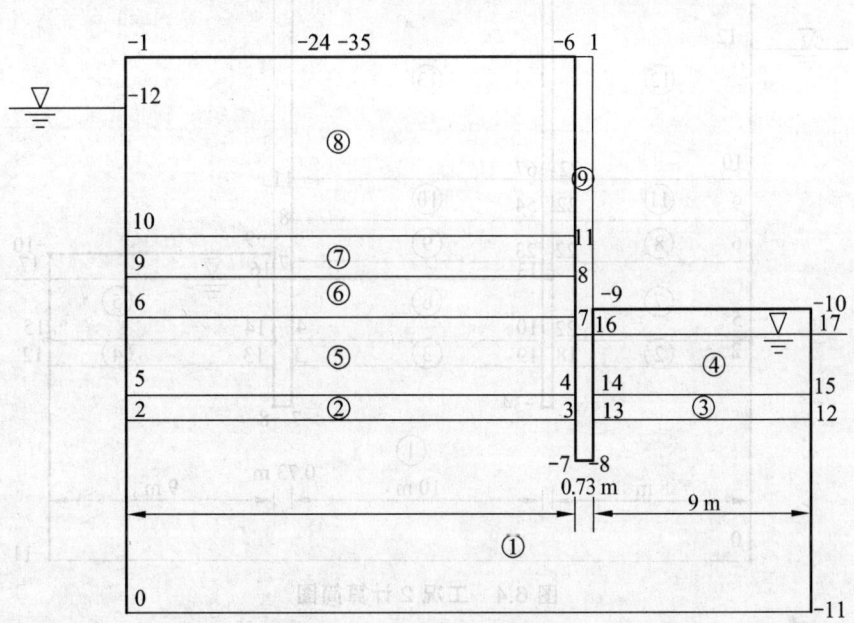

图 6.2 工况 1 计算简图

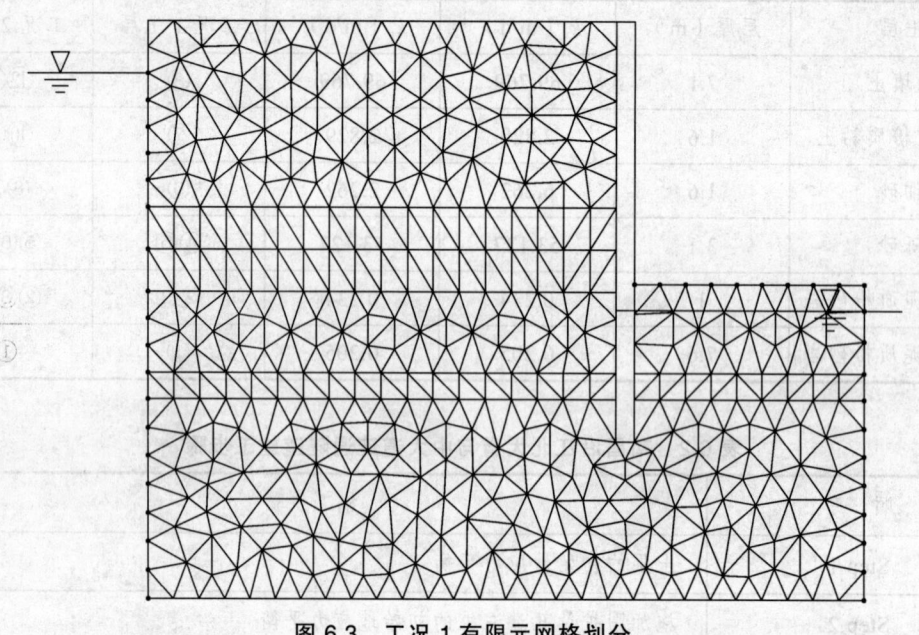

图 6.3 工况 1 有限元网格划分

工况 2：在基坑外设置降水井，计算简图和网格划分分别如图 6.4 和图 6.5 所示。

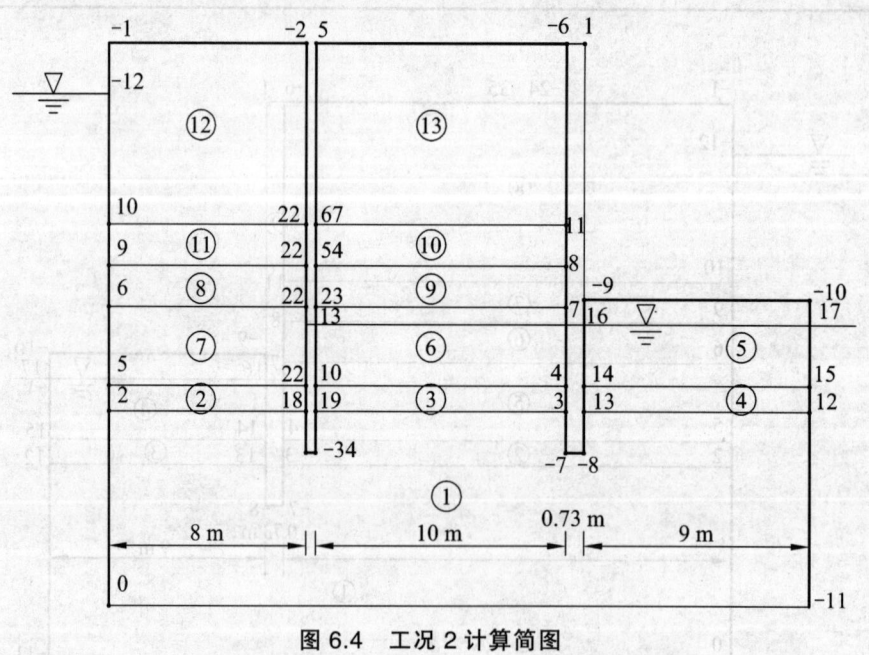

图 6.4 工况 2 计算简图

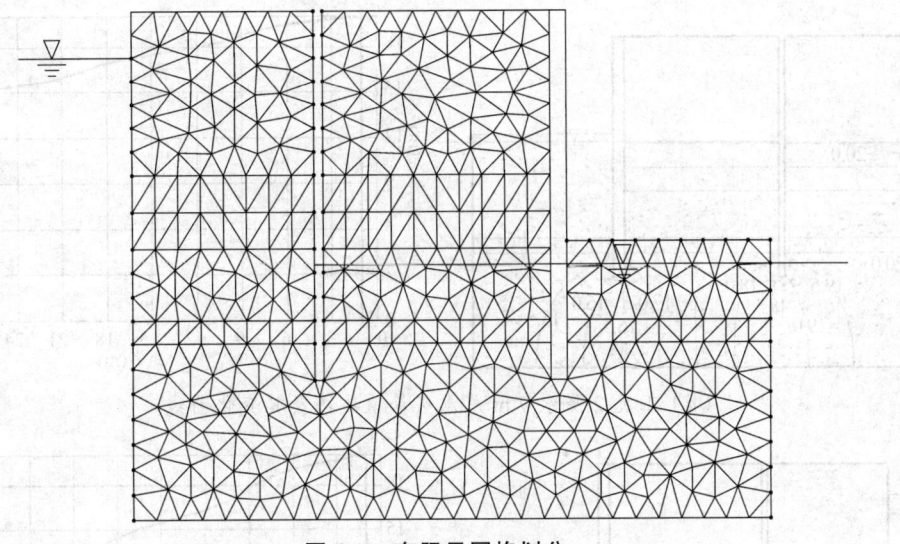

图 6.5 有限元网格划分

6.3.3 渗流场成果分析

1. 总水头计算结果分析

两种工况下，不同降水深度地下水总水头等值线图及总水头随距离基坑中心的变化曲线如图 6.6 所示。

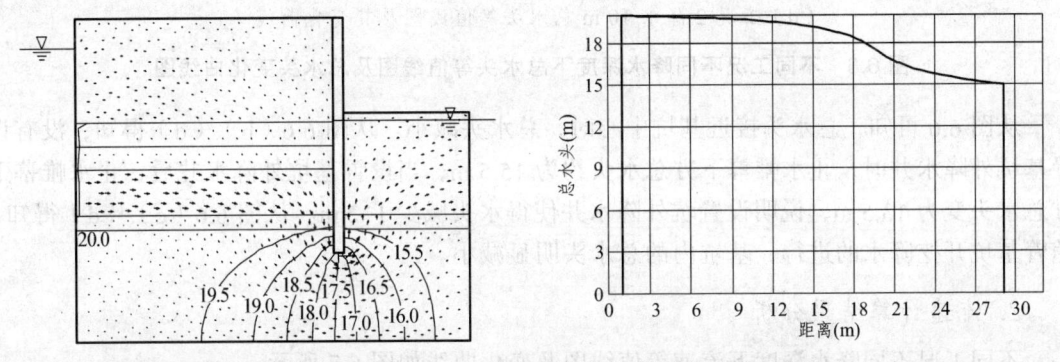

（a）工况 1 降水 7 m 总水头等值线图及其变化曲线

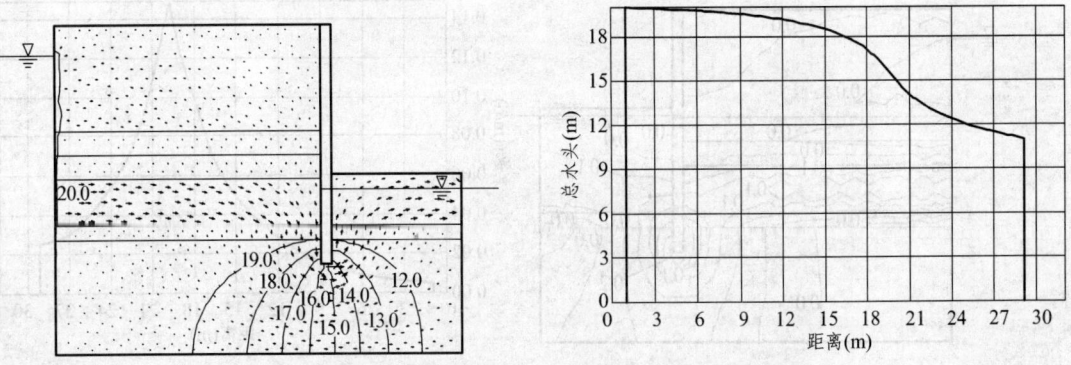

（b）工况 1 降水 10 m 总水头等值线图及其变化曲线

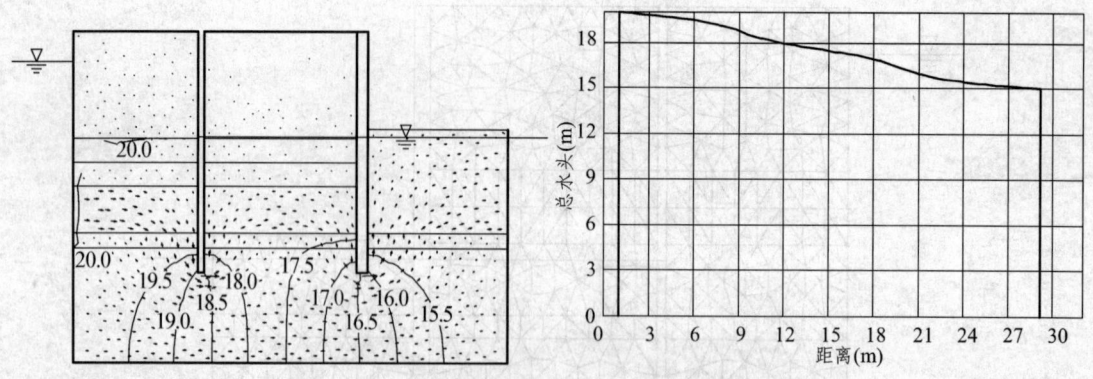

（c）工况 2 降水 7 m 总水头等值线图及其变化曲线

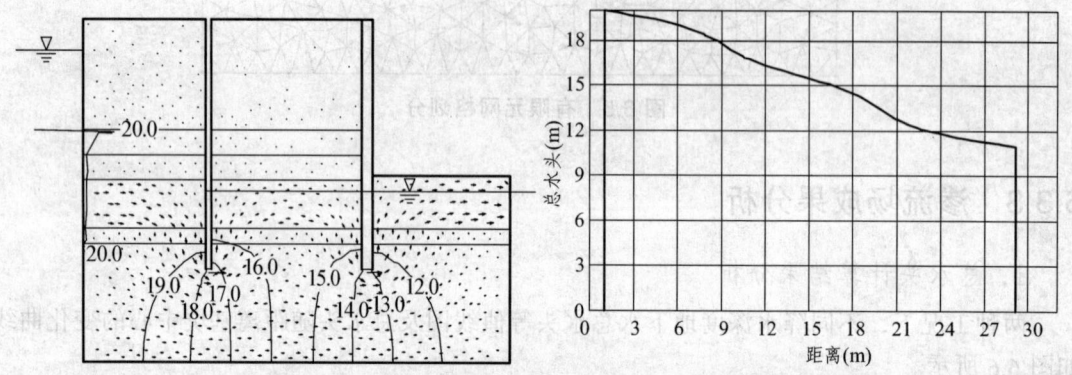

（d）工况 2 降水 10 m 总水头等值线图及其变化曲线

图 6.6　不同工况不同降水深度下总水头等值线图及总水头变化曲线图

从图 6.6 可知，总水头接近基坑中心时，总水头减小。从图 6.6（b）、（d）得知，没有设置基坑外降水井时，止水帷幕下方总水头约为 15.5 m；当设置基坑外降水井后，止水帷幕下方总水头变为 13.5 m，说明设置坑外降水井使得水头减少了 2 m。从图 6.6（c）、（d）得知，随着基坑开挖降水的进行，基坑内的总水头明显减小。

2. 流速计算结果分析

不同工况不同降水深度下流速等值线图及变化曲线如图 6.7 所示。

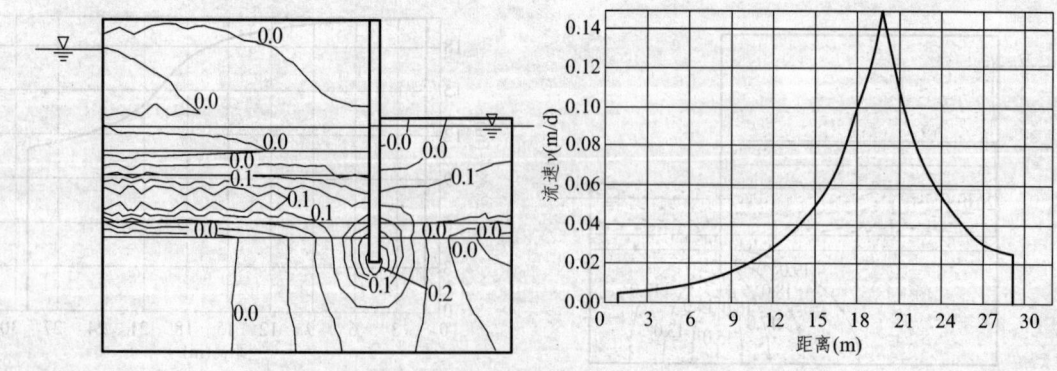

（a）工况 1 降水 7 m 时流速等值线图及变化曲线

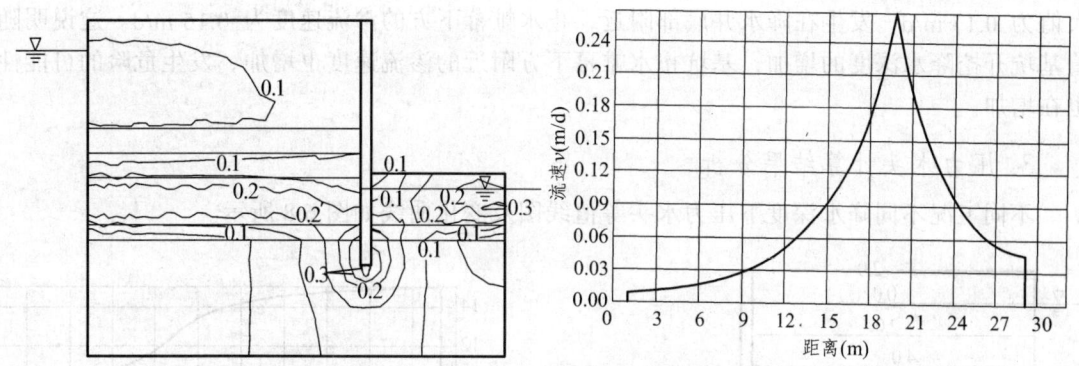

（b）工况1降水10m时流速等值线图及变化曲线

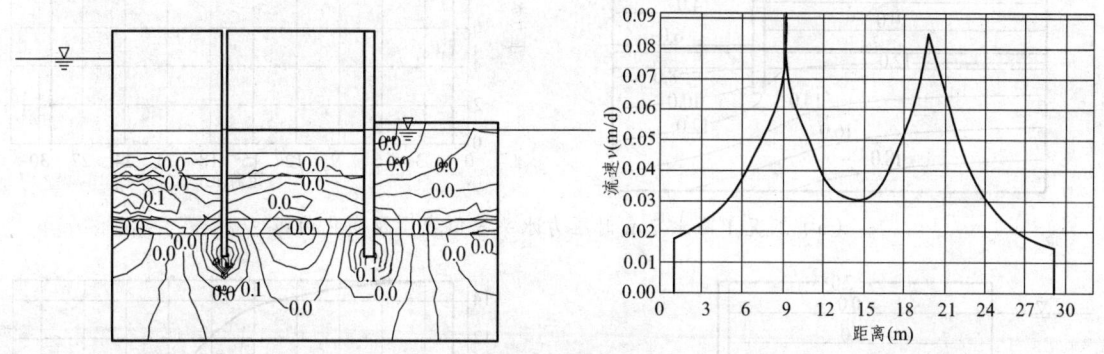

（c）工况2降水7m时流速等值线图及变化曲线

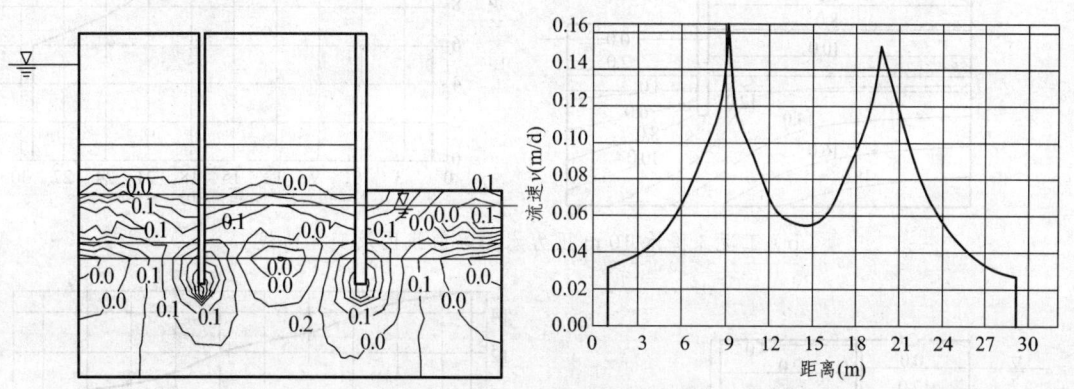

（d）工况1降水10m时流速等值线图及变化曲线

图6.7　不同工况不同降水深度下流速等值线图及变化曲线

从图6.7（a）、（b）流速变化曲线可以看出，在工况1下，即基坑外没有设置降水井时，流速峰值只有一个，即流速最大值发生在止水帷幕下方附近；从图6.7（c）、（d）可以看出，设置开挖降水井后，流速峰值有两个，即流速最大值出现在降水井和止水帷幕下方附近。而又从图6.7（a）、（c）得知，工况1降水7m时，止水帷幕下方流速值为0.15m/d；而在工况2下，其流速值只有0.085m/d，说明基坑外降水井减小了止水帷幕下方的渗流速度。

从图6.7（c）、（d）可以看出，降水7m时，地下水渗流速度最大值为0.1m/d，发生在降水井底部附近，止水帷幕下方的渗流速度为0.085m/d；降水10m时，地下水渗流速度最大值为 0.17 m/d，发生在降水井底部附近，止水帷幕下方的渗流速度为 0.15 m/d。这说明随着基坑开挖降水深度的增加，基坑止水帷幕下方附近的渗流速度也增加，发生危险的可能性也在增加。

3. 压力水头计算结果分析

不同工况不同降水深度下压力水头等值线图及变化曲线如图 6.8 所示。

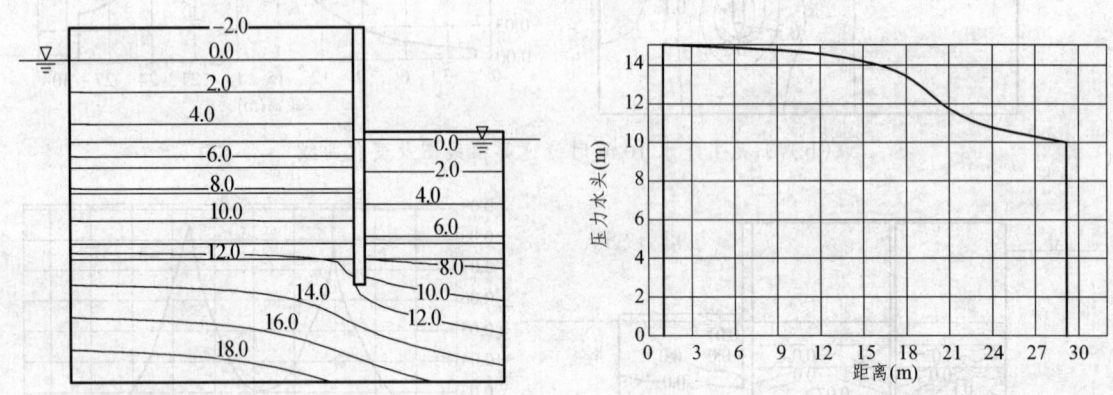

（a）工况 1 降水 7 m 时压力水头等值线图及变化曲线

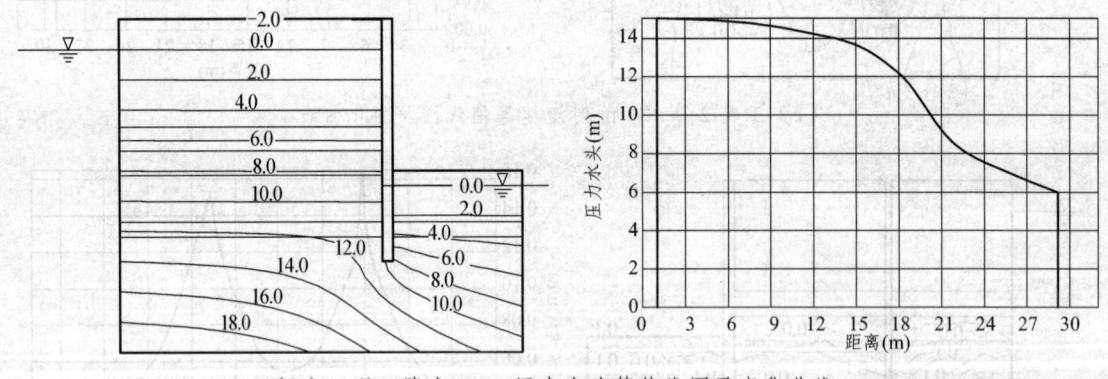

（b）工况 1 降水 10 m 压力水头等值线图及变化曲线

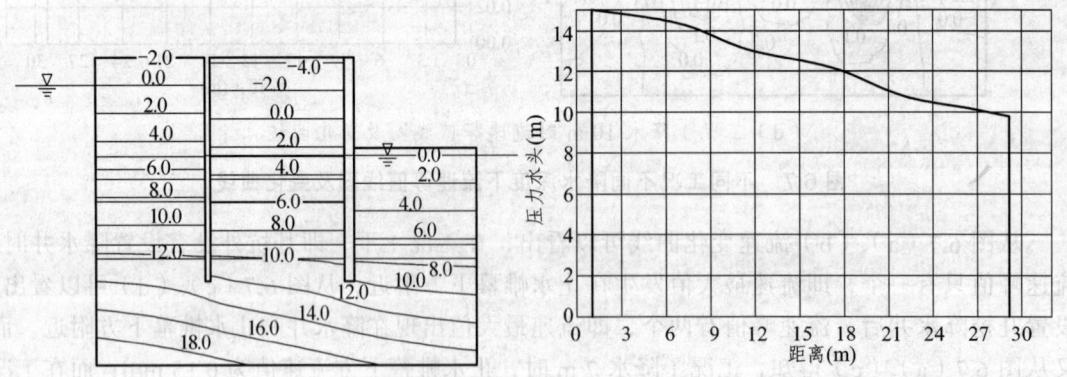

（c）工况 2 降水 7 m 压力水头等值线图及变化曲线

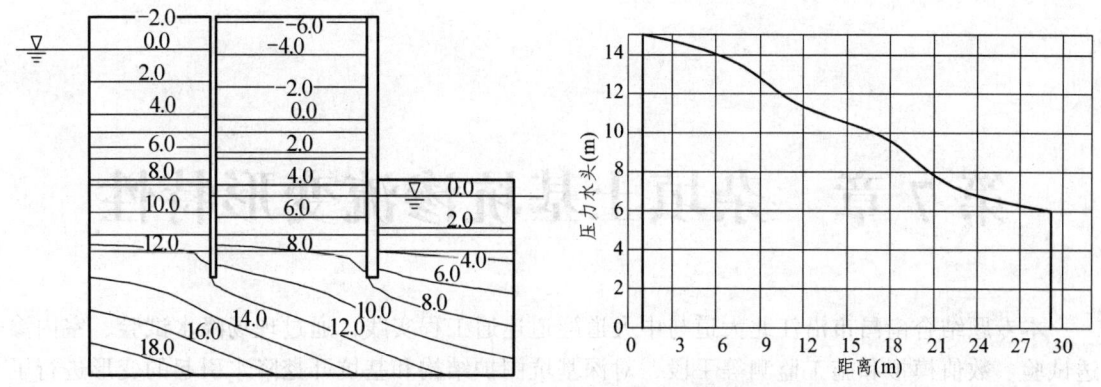

（d）工况2降水10 m压力水头等值线图及变化曲线

图6.8 不同工况不同降水深度下压力水头等值线图及变化曲线

从图6.8可以看出，压力水头随着与基坑中心距离的减小而减小，随着基坑开挖深度的增加而减小。分别就图6.8（a）、（c）和图6.8（b）、（d）进行对比分析，结果表明，不同工况同样的降水深度下，其压力水头变化曲线上，止水帷幕附近，设置坑外降水井比没有设置坑外降水井的压力水头小。这说明坑外降水井减小了止水帷幕附件的压力水头。

从图6.8（c）、（d）可以看出，当基坑降水深度为7 m时，基坑内外压力水头差约为2 m；而当基坑降水10 m时，基坑内外水头差变成4 m左右。这说明随着基坑开挖降水深度的增加，基坑内外的水头差也在增加。

综上所述，没有设置坑外降水井时，在基坑围护止水帷幕墙后总水头等值线分布较疏，下部水头等势线最为密集。由此可见，离墙越近，水力梯度越大。在墙后附近，地下水渗流方向向下，产生向下的渗流力，使土体加密；地下水绕过止水帷幕流向基坑底部时，流线基本上是垂直向上的，产生向上的渗流力。在止水帷幕下端附近，等势线明显变密，地下水在此处有最大的流速，水力梯度较大。

当设置坑外降水井后，在基坑围护止水帷幕下部的水头等势线变疏，下部的流线变稀疏；而在降水井底部的水头等势线变密集，流线也相应变密集。此时在降水井下方产生较大的渗流速度，在围护止水帷幕附近产生的渗流力减小。这说明在濒江地区的基坑，采用基坑外降水井，可使得基坑围护桩附近的压力水头减小，也可有效地减小围护止水帷幕下方的渗流速度，从而可以有效地减小渗流力对围护结构的影响。

随着降水深度的增大，基坑开挖面处的压力水头差增大，基坑中上部的孔隙水压力梯度升高不大，而基坑底部孔隙水压力变化大、梯度高，坑角处水头等势线趋于密集。由达西定律可知，在坑角处水力梯度大，此点地下水流速较大，渗流最为显著；而基坑开挖底部正好处于砾砂层，如果止水帷幕出现较大的渗漏孔，容易发生突水和涌砂的现象，会影响到基坑稳定性，形成危害。

第 7 章 杂填土基坑渗流变形特性

本专题结合南昌市沿江北大道与中大道隧道连通工程实践，通过现场降水试验、室内渗透试验、数值模拟和施工监测等手段，对深基坑围护结构和基坑开挖降水引起的变形进行了研究。主要研究成果总结如下：

（1）对南昌市赣江地区深基坑周围的土层，尤其是杂填土，通过室内土工试验，得知土层的渗透系数。由于杂填土的渗透性质因地区不同而存在差异，而细砂、砾砂和砂岩的渗透系数比较稳定，通过室内渗透试验和现场降水试验的对比反推，得到了杂填土的渗透系数，约为 50.93 m/d；围护止水帷幕的止水效果比较明显，隔水效果好。

（2）基于二维渗流有限元计算原理，在第 5 章地下水渗透试验基础之上，采用渗透试验结果，对基坑内外降水引起的渗流场进行了模拟分析。本次渗流模拟分为两种工况，即基坑外没有设置降水井和基坑外设置降水井，对两种工况进行了对比分析，并分析了在设置了基坑外降水井的情况下，对不同降水深度，基坑渗流场的变化。结果表明：

没有设置坑外降水井时，在基坑围护止水帷幕墙后等势线分布较疏，下部水头等势线最为密集，可见，离墙越近，水力梯度越大；在墙后附近，地下水渗流产生向下的渗流力，使土体加密，在止水帷幕前，即基坑内，产生向上的渗流力，在止水帷幕下端附近等势线明显变密，此处有较高的流速，水力梯度较大。当设置坑外降水井后，在基坑围护止水帷幕下部的水头等势线变疏，下部的流线变稀疏，而在降水井底部的水头等势线变密集，流线也相应变密集，在围护止水帷幕附近产生的渗流力减小，说明在濒江地区的基坑，采用降水井，可以有效地减小渗流力对围护结构的影响。

没有设置坑外降水井比设置坑外降水井的压力水头大，说明基坑外降水井使得基坑围护桩附近的压力水头减小，减小了渗流对围护桩的影响。

随着降水深度的增大，基坑中上部的孔隙水压力梯度升高不大，而基坑底部孔隙水压力变化大、梯度高，坑角处水头等势线趋于密集。从达西定律可知，在坑角处水力梯度大，此点地下水流速较大，渗流最为显著，而基坑开挖底部正好处于砾砂层，如果止水帷幕出现较大的渗漏孔，容易发生突水和涌砂的现象，会影响到基坑稳定性，形成危害。

下篇 专题研究之基坑开挖对邻近不同基础类型建筑物的影响

第8章 基坑施工对邻近建筑影响研究概述

8.1 引　言

目前，随着城市化进程的不断加快，城市人口日益剧增，资源和环境恶化，使得城市中有限的地面空间变得紧缺，因此，人们只能向空中和地下谋求更多的空间资源。一些发达国家（如美国、法国）对于城市的理念逐渐发生变化，如今的人们强调更多的则是开放的空间，于是，他们便把目光投向了城市的地下空间。我国近几年的高层、超高层建筑也日益增多，对基坑的深度以及支护也提出了更高的要求。北京的京西宾馆[60]，层数29，高度96.6 m，基坑开挖深度11 m；上海88层的金茂大厦[61]，其基坑长为170 m，宽为150 m，开挖深度为19.5 m。

随着城市建筑物密集程度的不断增加，大量地铁站、地下停车场、地下商场、越江隧道的出现为人们的生活提供了方便。城市中大面积空旷地带的基坑开挖已少之又少，基坑开挖紧邻建筑物或地铁站的情况已不在少数，比如上海的汇京广场[2]，围护结构与周边相邻建筑物最近距离仅有40 cm。这也加大了设计和施工的难度，尤其是基坑开挖过程中，不仅要考虑施工人员的安全和基坑内部的变形情况，还要重视在基坑开挖过程中是否对周边建筑物等产生影响以及破坏。一旦发生基坑坍塌事故，不仅对施工人员的生命安全造成威胁，严重影响施工进度，而且土体的变形影响还可能会引起周边建筑物的基础变形、房屋倾斜，甚至引起整楼倒塌的危险，对环境造成破坏，社会影响恶劣。所以，在紧邻建筑物或地铁站的基坑开挖设计和施工中，要考虑多种影响因素。

近几年，高层建筑和地下工程在我国得到了飞速的发展，但是对于这种发展，基坑事故频发率之高，说明了我们的科学理论和技术相对于这种迅猛发展的工程实践是落后的。这主要表现在以下几个方面[63]：

（1）基坑边坡土体承载力不足。基坑开挖实际上是对土体卸荷的一个过程，基底土体的回弹导致基坑开挖时基底的隆起，造成基坑或边坡土体滑动；引起地表及地下水的渗流作用，造成涌砂、涌水等现象，导致边坡失稳、基坑坍塌。

（2）基坑支护结构的强度、刚度或者稳定性不足，引起支护结构破坏，导致边坡失稳、基坑坍塌。支护结构的破坏主要是由基坑周围土体在基坑开挖过程中产生坑内侧压引起的，另一方面也说明了基坑周围土体变形过大是引起基坑坍塌的一个重要因素。如何在深基坑开挖过程中控制周围土体的变形、周边建筑物基础的变形以及沉降，这不仅要在设计时考虑到影响基坑开挖的各种因素，还要在施工过程中在现场对基坑周边土体变形、沉降进行实时监测，以及当基坑周边测点位移达到报警值时，应采取积极的应对措施，以保证施工安全。

8.2 基坑工程概述

8.2.1 基坑工程的现状

近些年来，不论是住宅或商业楼，我国的建筑类型都主要以高层、超高层代替以往的多层，地下空间被大量地开发，基坑工程也随之向着更大更深的方向发展，这也给基坑的支护系统增加了较大的难度。在沿海地区（如上海等）的软弱土层中[63]，开挖基坑会产生较大的位移和沉降，这对于周围建（构）筑物、地下管线等市政设施会产生不利的影响，一旦位移或沉降过大，建（构）筑物随时会有倒塌的危险。以上海为例，常见的地下室一般为2~3层居多，有的已达到5层；最大的基坑平面尺寸为274 m×187 m，面积约为51 000 m²，最深达32 m[64]。基坑工期长、场地狭窄、天气及施工原因（如降雨、重物堆放）都会对基坑稳定性产生不利影响。

8.2.2 基坑工程的特点

概括起来讲，基坑工程有以下特点：

（1）随着我国高层、超高层建筑和地下工程的不断发展，大面积深基坑的趋势已成必然。基坑深度超过20 m，长度达到几百米，工程规模日益增大，土体成分复杂，施工风险大[65]。

（2）在承载力较弱、基坑土体成分复杂的地质条件下，大面积基坑开挖会使周围土体产生较大的沉降和位移，给周边建筑物和施工安全增加安全隐患，不能放坡开挖。

（3）深基坑开挖过程中工期长，场地条件差，降雨、车辆荷载及基坑周边重物的堆放等因素，都会对基坑稳定性产生不利的影响。

（4）深基坑支护体系通常用作临时结构，安全设备的设计可以相对小些，而同时又必须保证其可靠性和安全性，基坑的支护体系设计与施工是一项系统的工程，需要结合土力学、基础工程、地基处理、原位测试、结构力学等多学科交叉知识；除此之外，还需丰富的施工经验，对场地的全面勘察，结合现场实际的情况对基坑出现的各种突发状况采取必要的措施。

（5）在相邻场地施工中，基坑开挖、降水、打桩等施工工序，都会引起相互制约的影响，加大了工作协调的难度。

8.3 国内外研究现状

基坑工程安全施工一直是业界的一道难题，由于涉及的因素很多，如土体的强度和变形、内支撑强度、基坑周边建筑物距基坑围护结构的距离、土与结构的相互作用、周围环境和基坑降水引起土体变形对建筑物的影响等一系列安全问题[66-75]。如果考虑不周全，就会给基坑安全施工带来威胁。随着深基坑的迅速发展，我国也相继制定并不断完善了国家标准，一些土体比较特殊的地区（如上海、武汉）也结合各自特点制定了相应的地方规范[76]，深基坑技术得到了深入的发展。基于以上几点分析，专家和学者们在基坑安全方面作出了大量的贡献。

Terzaghi 和 Peck[77]是最早提出基坑工程计算方法的，他们提出了支撑荷载大小的总应力法和预估挖方稳定程度，并广泛地应用在基坑支护设计中。

Peck[78]对于不同地层中的基坑工程，研究了地表沉降与距离之间的关系。

Clough[79]通过实际测量数据将地表变形与基底抗隆起安全系数联系起来，以基坑开挖中出现的时间效应为问题，对于施工工期比较长的基坑建议用快慢分析法确定其基坑变形的报警值。

Wong[80]、Christian[81]和 Clough[79-82]等人最早将有限元方法应用在带有支撑体系结构的基坑的开挖中，周详地考虑了场地土质特性等条件并且模拟基坑开挖过程，并被广泛地接受。

刘建航[83]院士综合上海的基坑工程的一些特点，首先提出了基坑变形的时间效应理论。

姜朋明[84]针对软土工程特点深入地分析了深基坑开挖过程中变形的时间效应，提出了在施工过程中时间效应与空间效应共存，并应充分考虑时间效应，加强对现场监测并及时反馈。

吴兴龙等[85]提出在基坑开挖过程中，不仅要考虑基坑开挖的时空效应，还要考虑土体的固结和流变性质，做到"随挖随支"以保证基坑结构和施工人员的安全。

应宏伟等[86]采用 Biot 固结理论研究了饱和软黏土地基中深基坑的变形性状。提出了在基坑开挖过程中要结合土层的渗透系数、开挖完成后的施工间歇期时间长短以及开挖速率等因素进行判断是否考虑土的固结效应。

刘国斌、侯学渊和黄院雄[87]在《基坑工程发展的现状与趋势》一文中指出基坑工程的设计应从强度控制设计转变为变形控制设计，同时要求基坑工程设计与施工要紧密地联系起来。

张向东[88]等人认为基坑开挖对坑周建筑物的影响不是由单一因素造成的，而是由多种情况耦合而成的。他们对带有锚杆支护的基坑周围建筑物的沉降问题运用大型工程软件 ADINA 进行了数值模拟分析，并认为建筑物的沉降在宽度方向比长度、高度方向的变化明显，建筑物的水平位移在高度方向要比长度、宽度两个方向的位移要明显很多。

陈观胜[89]结合工程实例，认为基坑开挖引起的坑周地表沉降主要由两部分组成，首先是由施工降水所导致的，其次是由基坑支护结构横向变形所造成的。针对这两个因素采取深井抽水和轻型井点相结合的措施；其次是设置注浆帷幕，为了保证边坡的稳定性，减小坡率，采用挂网喷浆的方法。

Poulos[90]首先在不考虑桩基础存在时，建立了基坑开挖二维有限元模型，之后建立了土体与单桩相互作用的边界元模型，把得到的土体水平位移当作边界元的条件，分析了被动桩弯矩与位移的影响因素，得到了单桩弯矩与位移的计算公式。

李自林[91]等结合天津一处地铁施工，对邻近基坑建筑物沉降采用拟合曲线最小二乘法对数据进行研究分析，拟合值与现场实测值对比，平均相对误差仅为4.1%，证明拟合曲线最小二乘法可较准确地预测当基坑开挖时邻近的建筑物沉降。

曾远[92]等在分析上海某处地铁车站时研究了新老两车站间距、土体弹性模量等因素对运营车站的影响。文中指出，土体弹性模量大小对于车站侧向变形影响较小；基底隆起引起连续墙后土体位移是导致地铁车站下沉的主要因素。

蒋利明[93]等结合上海一处实际基坑工程，模拟基坑开挖时，利用三维拉格朗日法，指出在基坑开挖过程中，地铁隧道的变形以水平位移为主，基坑两侧土体以竖向变形为主。

刘智成[94]等在研究基坑开挖对邻近的桩基影响时，将土体位移引起对桩基的分布荷载替换成集中荷载,采用地基反力法,并将土体视为弹性体,此方法可以较好地反应基坑开挖对邻近桩基础的影响。

陈福全[95]等采用 Plaxis 研究了在基坑开挖过程中邻近基坑单排桩与双排桩的位移及弯矩的变形,随着基坑开挖深度的增加,邻近基坑的桩基弯矩和位移随之加大,双排桩弯矩相差较大,但其相对位移基本保持不变。

杨敏[96]等利用三维弹塑性有限元法讨论了双层地基的基坑与邻近桩基础之间的相互影响。研究发现,桩身最大弯矩发生在基坑开挖面,围护墙的刚度越小,桩身弯矩和位移就越大,反之亦然。

李琳[97]等通过上海和杭州软土地区的大量实测结果总结分析了基坑的特点,当基坑开挖深度小于 12 m 时,地下连续墙侧移量小于灌注桩的侧移量,墙身最大位移发生在开挖面处附近;当基坑变形量超过允许值时,也可以保证其自身的稳定性与安全性。

薛莲[98]采用 FLAC 软件结合当地某实际深基坑工程,讨论了基坑开挖对邻近建筑物的影响,分析了基坑开挖在极限状态下的破坏模式。文中指出,基于建筑物不同类型基础的补偿特性不同,随着建筑物高度增加,破坏模式由拉剪破坏转变为剪切破坏。

毛朝辉[99]等人在已完成的工程基础上总结基坑变形特点,在基坑开挖过程中,采取有效措施,发挥其自身的纵向时空效应,控制基坑的变形,并取得了良好的效果。

马晓文[100]等人通过总结大量国内外研究资料,针对基坑开挖过程,研究了土体的卸荷作用,并总结了真三轴试验等研究成果,简述了现有存在的问题及以后的研究方向。

金国龙[101]等结合实际工程,讨论了人工挖孔桩在施工时对基坑围护结构的影响,结果指出,在施工期间,人工挖孔桩的空间拱效应明显,只要采取相应的设计措施即可解决围护结构安全问题。

谢弘帅[102]结合上海一处邻近地铁基坑开挖实际工程,通过有限元模拟分析,合理地改变设计方案,分析了深基坑开挖对邻近地铁站的影响,证明设计及施工方案对于其工程的合理性。

王全凤[103]利用 Duncan-Chang 双曲线模型,研究了周边有无建筑物的情况下场地受到应力的变化。研究指出,当基坑周边有建筑物时,土体会在建筑物周围形成变形模型变小的软弱区域,此区域随着基坑的开挖,沉降量变化较大。

李四维[104]结合北京地铁深基坑工程,将有限元分析结果与实际监测结果进行比对,证明了施工方案对其工程施工指导的合理性,讨论了基坑尺寸以及施工工况对基坑变形的影响。

8.4 专题的主要研究工作

专题采用有限元将基坑、支撑结构、围护排桩、邻近建筑物及其基础作为一个整体,模拟基坑开挖全过程,选取了具有代表性的 3 幢建筑物(桩基础结构、条形基础结构及滕王阁),按实际基坑开挖及支护方案进行基坑开挖的模拟分析,得出不同情况下建筑物的沉降值、水平位移、围护排桩的变形及地表沉降,指出这些量的变化规律,与要求限值进行比对,并分析其变化规律。

第 9 章 基坑变形及破坏形式

9.1 引 言

基坑开挖是基坑工程中的一道重要工序,要保证其自身的稳定性与安全性,且必须有效地控制基坑周围土体的位移。在硬塑黏土地区、软岩地区等一些土层较好的地区,基坑的开挖所引起的周围土体变形值较小,对基坑周边环境影响也小;但在软土地区,如上海、福州及其他一些沿江区域,进行基坑的开挖则会对周围土层产生较大的变形,如控制不当,造成的结果是很严重的。

目前,在软土地区及深基坑的开挖过程中,为了有效地控制基坑变形及防止基坑破坏,在施工过程中通常用到围护结构(如地下连续墙、钢板桩以及钻孔灌注围护桩等)、内支撑(钢筋混凝土支撑、钢支撑等)来减小基坑的变形,以保证其安全稳定。随着我国施工技术的不断发展,基坑的控制设计已由现在的变形控制设计替代了原有的强度控制设计,并取得了良好的效果。

9.2 基坑的变形

1. 围护结构的水平位移及竖向位移

基坑开挖时,由于基坑内侧土体卸荷致使围护结构受到其外侧土体的主动土压力,在基坑底部围护结构内侧受到部分或全部的被动土压力,使围护结构产生变形[105]。当基坑开挖深度较浅时,围护结构的变形如图 9.1(a)所示,不论围护结构是刚性或柔性,围护结构的顶部 A 点向着坑内位移最大,继续无支撑开挖时,刚性围护结构呈现出向坑内的三角形水平位移或平行刚体位移,则 A 点的位移将继续增大。

施工时,支撑总是在土体开挖之后进行的,所以在安装支撑前围护结构已发生先期变形。当基坑开挖到坑底设计标高时,围护结构最大位移发生在坑底以下 $1\sim2\,m$ 处[60]。当柔性围护结构加内支撑时,如图 9.1(b)所示,由于围护结构上部受到支撑作用力,阻止了顶部 A 点的位移,使其位移不再增大(不向坑外移动),但由于围护结构顶部 A 点、底部 B 点被固定,土体卸荷产生的侧向土压力,在 C 处(即腹部)产生较大的弯矩,使得 C 点产生向坑内方向的位移。

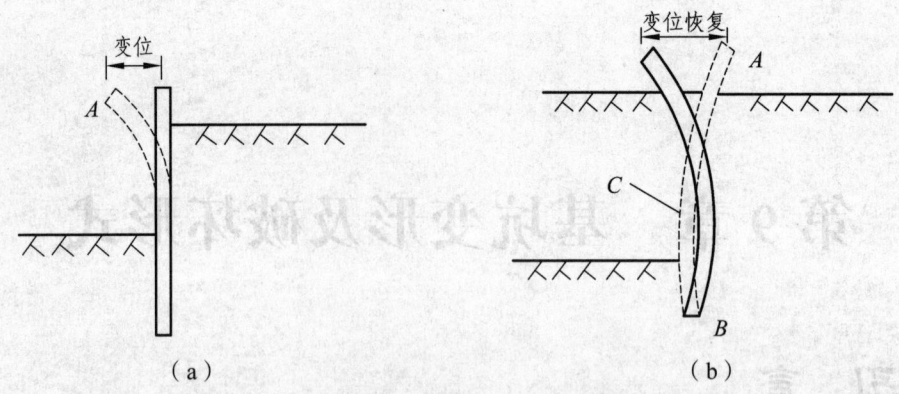

图 9.1 墙体水平变形

基坑的开挖实质是土体自重应力的释放[106]，使围护结构产生竖直向上的位移，围护结构的上升会给地表沉降及基坑自身稳定带来安全隐患。当围护结构的底部有沉渣时，在开挖过程中，地面及围护结构可能会下沉。

2. 基坑底部隆起

当初始基坑开挖较浅时，基坑底部表现为弹性隆起，如图 9.2（a）所示，坑底中间 B 点处隆起量最大，两边 A、C 点处隆起量最小。当基坑开挖达到一定的深度且基坑较宽时，基坑底部表现为塑性隆起，如图 9.2（b）所示，中间 B 点处隆起量最小，两边 A、C 点处隆起量最大[107]。

图 9.2 基底隆起

3. 地表的沉降

通过工程实际经验，基坑周边地表沉降的范围主要取决于以下因素：基坑开挖及下卧软土层深度、围护结构的入土深度、地层性质及基坑开挖支撑施工的方法等[108]。

基坑开挖引起地表沉降典型的两种曲线大致如图 9.3 所示。第一种情况往往发生在围护结构入土深度不大且地层比较软弱时，如图 9.3（a）所示，围护结构 A 处向坑内产生较大位移，地表 B 处的沉降值也很大。第二种情况发生在围护结构入土深度较大时，如图 9.3（b）所示，围护结构的变形情况类似于梁的变形情况，但地层的沉降与前一种情况有所不同，最大值在离围护结构一定距离的位置 A 处。

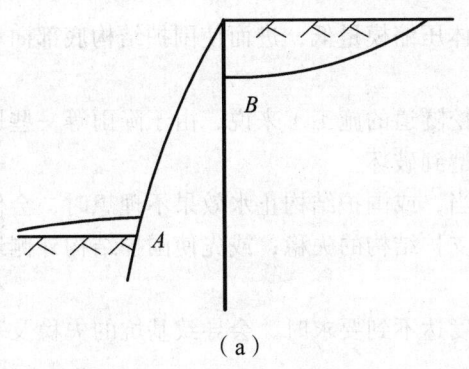 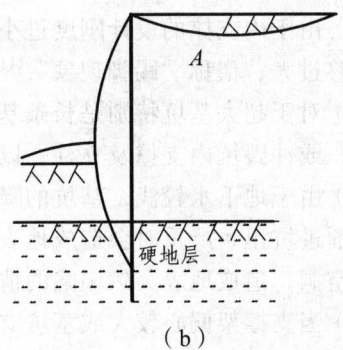

图 9.3　地表沉降

9.3　基坑的破坏

由于施工人员的操作不当或设计的疏忽，可能会造成基坑失稳。导致基坑失稳的原因有很多，但是主要可以归结为两个方面：地基土的强度不足[82]、结构的强度或刚度不足。根据支护形式不同，基坑破坏形式大致可分为以下几种[109]。

1. 放坡开挖

由于基坑的设计放坡较陡，加之雨水等原因致使土体抗剪强度降低，导致基坑周边土体的滑坡。

2. 刚性无支撑围护结构

无支撑的刚性挡土墙基坑的破坏方式有以下几种：

（1）墙底土体抗剪强度不足或墙体的入土深度不够，墙体及土体产生整体滑移破坏且基底土体隆起。

（2）基坑坑边堆载，设计抗倾覆安全系数不足，使得墙体倾覆。

（3）设计抗滑安全系数不足，墙体产生整体刚性水平位移。

（4）挡墙抗剪强度不足，墙体产生剪切破坏。

3. 柔性无支撑围护结构[110]

柔性围护墙包括地下连续墙、钢筋混凝土板桩墙、钢板桩墙等，其主要破坏形式为：

（1）围护墙挠度过大，墙后地层产生过大的变形，对周围环境、建（构）筑物、地下管线等造成一定的影响。

（2）围护墙强度不足，在土压力作用下墙体折断。

4. 有内支撑的围护结构

（1）由于施工时间紧、任务重，为了加快进度，以致超量开挖，加支撑时机把握不当；或为了节约成本，偷工减料，使得围护墙或支撑的刚度和强度达不到设计的要求，导致因支撑轴力过大而破坏或使墙体应力过大而折断[111]。

（2）由于内支撑的设计刚度过小，加之土体压缩模量低，进而使围护结构底部向坑内产生的位移过大，俗称"踢脚现象"[112]。

（3）对于超大基坑特别是长条基坑（如明挖隧道的施工）来说，由于降雨等一些原因导致滑坡，或冲毁坑内支撑及立柱，以致使基坑遭到破坏。

（4）由于地下水较浅，基坑的降水措施不当，或围护结构止水效果不理想时，会使水夹带砂粒涌进坑里，严重时会造成地表塌陷以及支护结构的失稳；或先使围护结构外侧地面下部形成空洞，造成地表突然塌陷的情况。

（5）当支撑架偏心较大或基坑支护设计强度达不到要求时，会导致基坑的失稳及基坑整体滑移破坏的情况产生。

（6）当坑底部位土体抗剪强度比较低时，会使基坑底部土体发生塑性流动，使基坑遭到隆起破坏。

（7）当井点失效且基坑开挖处于粉砂层或砂层时，即会产生管涌现象[113]，导致基坑失稳，如杭州地铁发生的管涌现象，导致工地塌陷。

第 10 章 基坑开挖对邻近不同基础类型建筑物影响的模拟分析

10.1 引言

取工程沿线三幢不同基础类型的建筑物进行分析,分别为桩基础结构、浅基础结构和滕王阁(主体结构为桩基础,附属结构为浅基础)。

采用 ABAQUS 软件建立三维有限元模型,将土体、内支撑、围护排桩以及建筑物作为一个整体,根据实际工况进行模拟分析,不考虑渗流影响,以实际工程参数为准,做适当的简化处理,进而分析基坑开挖对不同类型建筑物的影响。

10.2 工程概况

本工程为南昌市沿江中、北大道连通工程,沿江路地形图见图 10.1,1#商业楼、2#商业楼、滕王阁处基坑开挖平面示意图分别见图 10.2~图 10.4。

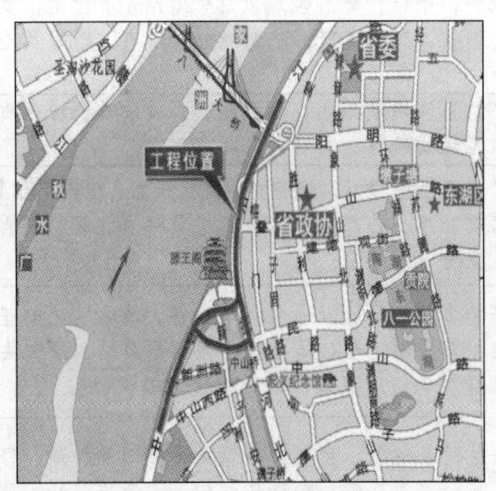

图 10.1 沿江路地形图

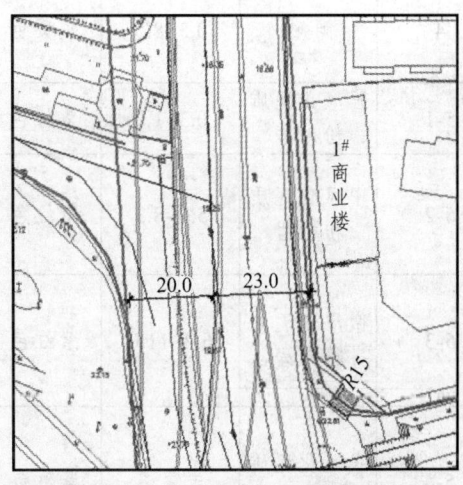

图 10.2 1#商业楼处平面示意图

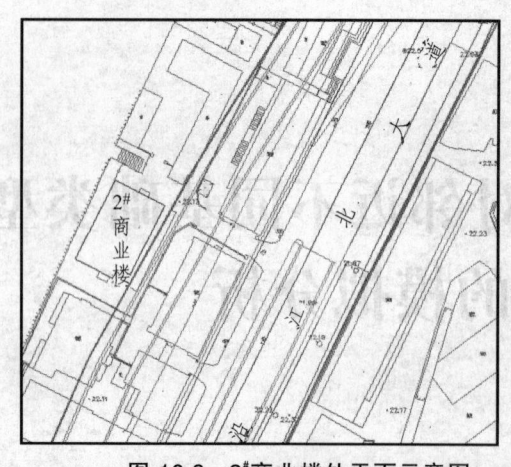 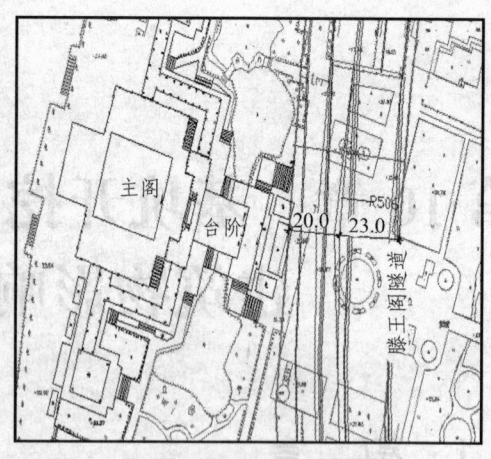

图 10.3　2#商业楼处平面示意图　　　图 10.4　滕王阁处平面示意图

由图可以看出，此明挖隧道沿线两侧多为写字楼、商业店铺等，地下管线复杂密集。基坑进行垂直开挖，第一道支撑为钢筋混凝土支撑，水平间距 16 m，截面为 800 mm×700 mm；第二道为直径 ϕ609 mm 的钢支撑，设计最大支撑轴力 1 600 kN，水平间距 8 m，围护桩采用直径 ϕ1 000 mm 的钻孔灌注桩，设置截面为 1 000 mm×800 mm 的顶圈梁。

通过江西省勘察设计研究院提供的勘察报告可知，土层分布如表 10.1 所示。

表 10.1　土层特性

土层号	类别	厚度（m）	颜色	特性
1	杂填土	0.8~16.50	杂色	以砂土和黏性土为主，含碎砖块等建筑垃圾，为新近期堆填，结构松散
2	淤泥质粉质黏土	1.00~7.60	灰黑色	以黏粉粒为主，含云母碎片较多，含有机质，腥臭味，干密度中等，结构疏松；以流塑为主，局部软塑
3	细砂	0.5~7.1	灰黄色	由中细砂颗粒组成，矿物成分以石英及云母为主，含少量的泥质
4	砾砂	0.3~8.5	灰黄色	饱和，中密，砾石颗粒以 2~20 mm 者为主，呈圆及次圆状，磨圆度好，矿物成分以石英、砂岩及硅质岩为主
5-1	强风化泥质粉砂岩	0.3~1.0	紫红色	岩芯呈碎块状为主，风化强烈，较破碎，粉砂质结构，泥钙质胶结，岩质软，手折可断
5-2	中风化泥质粉砂岩	5.6~8.3	紫红色	岩芯多呈短柱状，较完整，风化强烈，粉砂质结构，泥钙质胶结，局部夹有薄层青灰色钙质泥岩，岩质较硬且完整
5-3	微风化泥质粉砂岩	6.2~11.0	紫红色	岩芯多呈短柱状及长柱状，完整，偶见风化节理及裂隙，岩质硬，粉砂质结构，泥钙质胶结，局部夹有薄层青灰色钙质泥岩，岩质较硬
5-4	未风化泥质粉砂岩	未穿透	紫红色	岩芯呈长柱状，完整，未见风化节理及裂隙，岩质硬，断面岩质新鲜，粉砂质结构，泥钙质胶结，局部夹有薄层青灰色钙质泥岩，岩质硬

场地内杂填土层均有分布、厚度大，工程濒临赣江，地下水丰富，分析时采取的参数如表 10.2 所示。

表 10.2 土层参数

参数 土层	密度 $\rho(kg/m^3)$	体积 模量 $K(MPa)$	剪切 模量 $G(MPa)$	摩擦角 $\varphi(°)$	黏聚力 $c(kPa)$	压缩模量 $E_s(MPa)$	静止侧压 力系数 k_0	深度 范围 (m)
强风化粉砂岩	2 260	7.68	1.57	30	30 000	15.9	0.43	0~15
砾砂	2 060	29.09	7.22	38	1	56.83	0.36	15~20
淤泥质粉质黏土	1 730	7.73	1.97	17	6	15	0.35	20~25
杂填土	1 850	18.75	5	15	8	36	0.33	25~30

10.3 数值模型

采用 ABAQUS 软件建立三维有限元模型，将土体、内支撑、围护排桩以及建筑物作为一个整体，全程模拟基坑的开挖过程，根据实际工况进行模拟分析及参数值的选取，将模型做适当的简化和假定：

（1）假定场地土体均匀、层次清楚。

（2）不考虑基坑降水、土体流变影响。

（3）张建勋等[114]在分析土与被动桩作用时，当桩的中心距小于 3 倍桩直径时，由于土体开挖卸荷，在被动桩附近由于土体侧位移产生的侧压力大部分由被动桩承受，占 90% 左右，因此可把围护排桩等效为地下连续墙。桩以向坑内侧受弯为主，根据弯矩等效原则，建模时排桩可简化成宽度为 0.73 m 的地下连续墙。

（4）计算时不考虑楼房的自身变形，简化为刚性结构，其沉降或倾斜均由基坑开挖引起。

取工程沿线三幢不同基础类型的建筑物进行分析，此三幢建筑基础类型分别为：桩基础（1#商业楼），条形基础（2#商业楼），主体结构为桩基础、附属结构为条形基础（滕王阁）。

10.3.1 围护排桩模型

ABAQUS 模拟基坑开挖过程中，未考虑基坑降水以及土体渗流的影响。对于围护排桩的将围护排桩简化为板模型，弹性模量按 C30 混凝土取值，泊松比为 0.2，简化后的围护排桩模型见图 10.5。

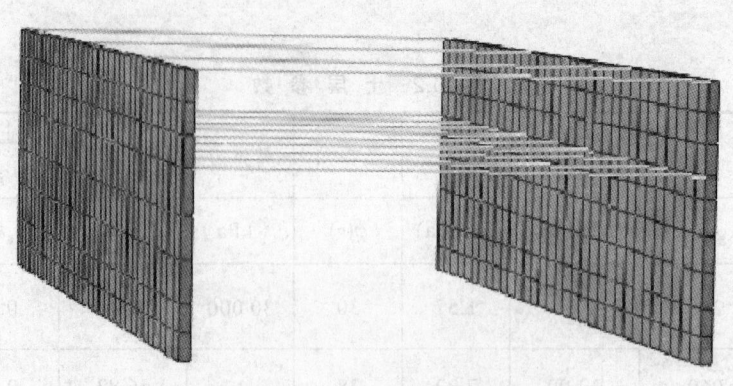

图 10.5 简化后的围护排桩模型

10.3.2 邻近桩基础结构隧道区段有限元模型

工程沿线 1#商业楼,位置如图 10.2 所示,此商业楼主体为 11 层钢筋混凝土结构,层高 3.5 m;基础为扩底灌注桩,桩径 1 000 mm,底部扩至 2 800 mm,桩长 6.3~6.5 m,桩基础参数见表 10.3;无地下室,基坑边缘距此商业楼约为 2.5 m,基坑开挖剖面图见图 10.6。楼前基坑开挖深度为 10 m,宽度为 43 m;围护排桩深度为 15 m。

表 10.3 桩基础模型参数

桩 长 l(m)	密 度 ρ(kg·m^{-3})	弹性模量 E(GPa)	泊松比 μ	桩 径 D(mm)	桩截面面积 S(m^2)
6.3~6.5	2 400	20	0.3	1 000~2 800	0.785 4~6.157 5

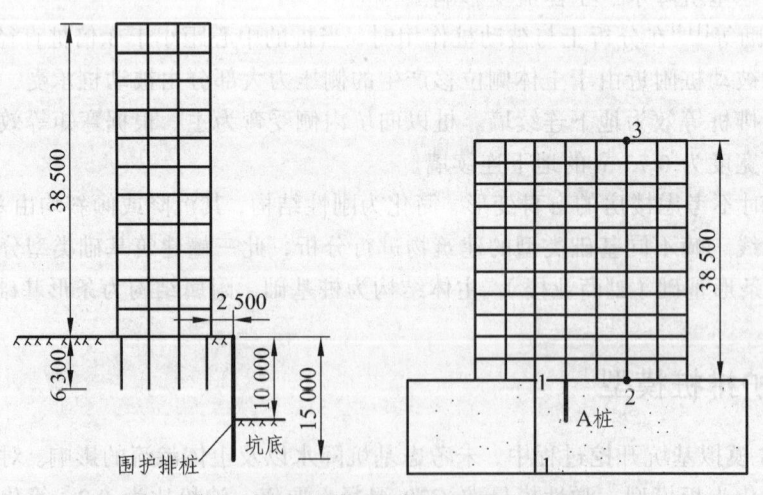

图 10.6 1#商业楼区段基坑开挖剖面图(单位:mm)

考虑到周围土体受基坑开挖的扰动,因此基坑边缘距模型边界取 5 倍基坑开挖深度[115],

可以减少边界条件对基坑变形的影响，深度方向取 30 m，模型计算尺寸为 118 m×64 m×30 m。1#商业楼采用实体单元，占地面积按实际选取，模型底部截面尺寸为 35 m×12 m。桩基础参数考虑最不利影响，取平均桩长 6.4 m 进行分析，不考虑扩底效应；桩径取均值 1 000 mm，桩基础为圆桩，根据弯矩等效，将圆桩简化为边长 0.8 m 的方桩。1#商业楼桩基础模型见图 10.7。

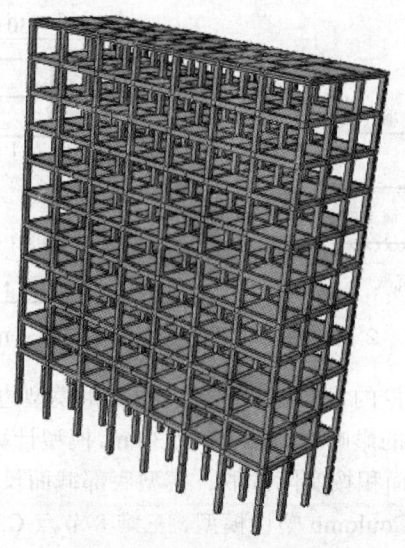

图 10.7　1#商业楼基础模型

围护排桩与土体、基础与土体之间设计接触单元。土体本构模型采用 Mohr-Coulomb 塑性模型，三维 8 节点 C3D8R 实体单元。钢筋混凝土支撑与钢支撑采用梁单元，三维有限元模型见图 10.8。采用生死单元模拟基坑的开挖和增加支撑，模型采用位移边界，上部为自由边界，不设置约束，左右两侧采用 X 方向位移约束，前后两侧采用 Z 方向位移约束，底部施加 X、Y、Z 三个方向的位移约束。

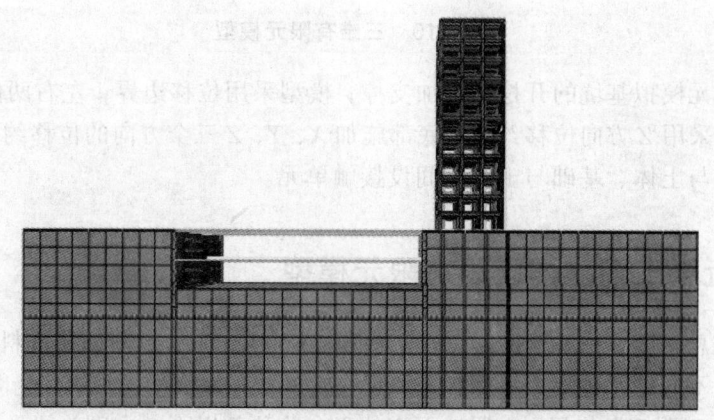

图 10.8　三维有限元模型

10.3.3 邻近浅基础结构隧道区段有限元模型

工程沿线 2#商业楼，位置如图 10.3 所示。2#商业楼为 2 层钢筋混凝土结构，框架结构，层高 3.5 m。弹性模量按 C30 混凝土取，条形基础，埋置深度为 2 m，基坑边缘距此商业楼最近处约 3.8 m。楼前基坑开挖深度为 9.8 m，宽度为 28 m。围护排桩深度 15 m，基坑开挖剖面见图 10.9。

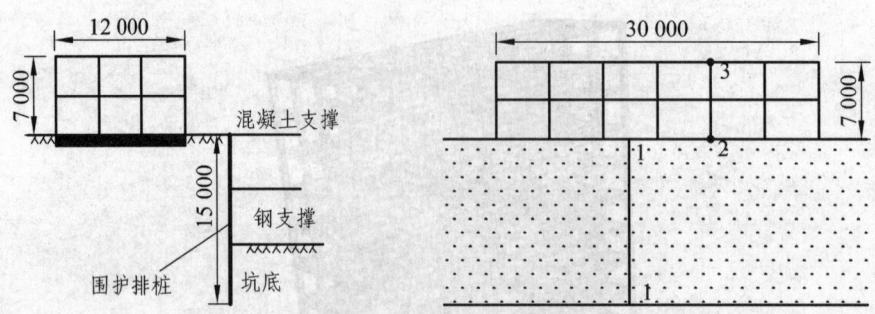

图 10.9 2#商业楼基坑开挖剖面图（单位：mm）

考虑到周围土体受基坑开挖的扰动，因此基坑边缘距模型边界取 5 倍基坑开挖深度[116]，可以减少边界条件对基坑变形的影响，深度方向取 30 m，模型计算尺寸为 110 m×64 m×30 m。2#商业楼采用实体单元，占地面积按实际选取，模型底部截面尺寸为 30 m×12 m。

土体本构模型采用 Mohr-Coulomb 塑性模型，三维 8 节点 C3D8R 实体单元。钢筋混凝土支撑与钢支撑采用梁单元，三维有限元模型见图 10.10。

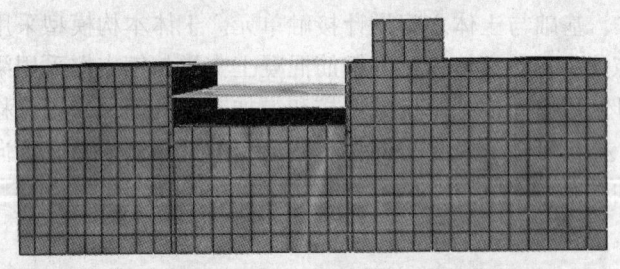

图 10.10 三维有限元模型

采用生死单元模拟基坑的开挖和增加支撑，模型采用位移边界，左右两侧采用 X 向位移约束，前后两侧采用 Z 方向位移约束，底部施加 X、Y、Z 三个方向的位移约束，上部为自由边界。围护排桩与土体、基础与土体之间设接触单元。

10.3.4 邻近滕王阁隧道区段有限元模型

滕王阁建筑总高度 57.5 m，楼群总建筑面积 13 000 m²。据目前调研资料可知，滕王阁主楼与其台阶采用不同的基础形式，其主阁平面约成 30 m×30 m 的正方形。全阁共 9 层，±0.00 以上为 7 层"暗四明三"格局，2 层地下室位于台阶顶部以下。主阁为梁、柱框架结构，基础为钻孔灌注桩，柱均为圆形，桩底嵌入粉砂岩中。主阁桩基共 28 根，桩长 20 m，桩径

1 500 mm，弹性模量按 C30 混凝土取值。台阶部分为条形基础，其顶部距地面约 6 m，平面尺寸约 18 m×20 m。基坑边缘与滕王阁主楼的台阶相接，且有小部分台阶受施工影响已拆除，最近处距基坑仅 1 m。台阶前方基坑开挖深度为 11.4 m，宽度为 43 m，排桩深度为 15 m。基坑开挖剖面见图 10.11。

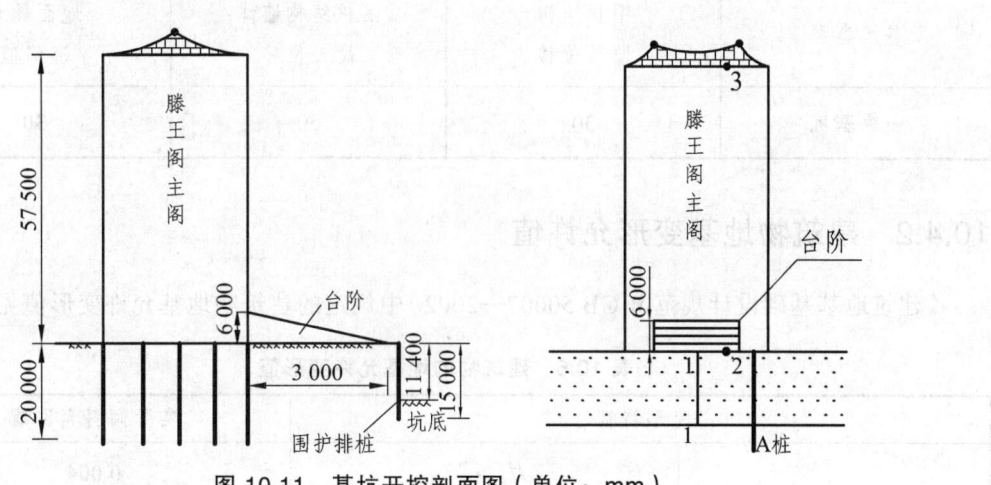

图 10.11 基坑开挖剖面图（单位：mm）

模型计算尺寸为 120 m×60 m×30 m。主阁采用实体单元，占地面积按实际选取，模型底部平面尺寸为 30 m×30 m，台阶部分平面尺寸 18 m×30 m。有限元模型如图 10.12 所示。

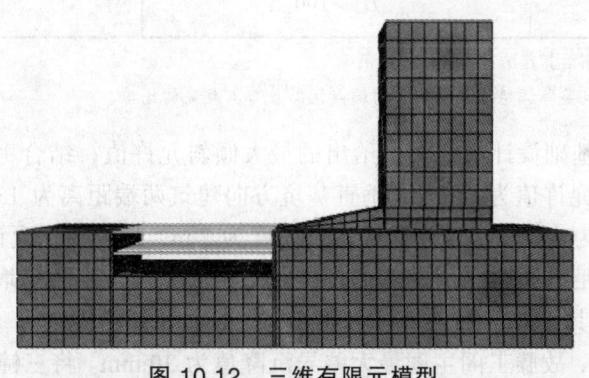

图 10.12 三维有限元模型

10.4 控制变形允许值

10.4.1 围护结构变形允许值

基坑工程施工时，必须确保围护结构和周围环境的安全，本工程参考《建筑基坑工程监测技术规范》(GB 50497—2009)[126]及《建筑地基基础工程施工质量验收规范》(GB 50202—2002),拟定围护结构变形监控见表10.4[127]。

表 10.4 基坑变形监控值   mm

基坑类别	围护结构墙顶位移	围护结构墙体最大位移	地面最大沉降值
一级基坑	30	50	30

10.4.2 建筑物地基变形允许值

《建筑地基基础设计规范》(GB 50007—2002)中规定的建筑物地基允许变形值见表10.5。

表 10.5 建筑物的地基允许变形值

变形特征		实际倾斜允许值
高层与多层建筑整体倾斜	$H_g \leq 24$	0.004
	$24 < H_g \leq 60$	0.003
	$60 < H_g \leq 100$	0.002 5
	$H_g > 100$	0.002

注:1. H_g是指从室外地面算起的建筑高度(m);
2. 表中提到的建筑整体倾斜指倾斜方向两端点沉降差与其距离的比值。

根据《建筑地基基础设计规范》所给出的最大倾斜允许值,结合工程实况,1#商业楼建筑高度38.5 m,倾斜允许值为0.003,垂直基坑方向建筑两端距离为13.8 m,即1#商业楼基础最大差异沉降限值为41 mm;2#商业楼建筑高度为7 m,规范要求允许倾斜值为4 mm,垂直基坑方向建筑两端距离为12 m,即2#商业楼基础最大差异沉降限值取为48 mm;滕王阁主阁高57.5 m,考虑到其为江西著名风景名胜区,实际允许倾斜值取为0.001,垂直基坑方向建筑两端距离为30 m,故滕王阁主阁最大差异沉降值为30 mm。将三幢建筑物的地基差异沉降值进行归纳整理,见表10.6。

表 10.6 建筑物地基允许变形值

名 称	差异沉降限值(mm)
1#商业楼	41
2#商业楼	48
滕王阁主阁	30

10.5 邻近桩基础结构隧道区段基坑开挖有限元模拟分析

10.5.1 开挖步骤

采用 ABAQUS 模拟基坑的分步开挖，具体施工步骤见表 10.7。

表 10.7 基坑开挖步骤

开挖步骤	施 工 过 程
1	开挖至 $-1.5\,m$ 时，地表面处加一道混凝土支撑
2	开挖至 $-7\,m$ 时，$-5\,m$ 处加一道钢支撑
3	开挖至 $-10\,m$ 时，浇筑混凝土底板

基坑开挖后，周围介质内力及最大位移见图 10.13、图 10.14。当基坑开挖时，土体卸荷作用引起坑外两侧土体向坑内移动，围护排桩受到来自土体两侧的压力后，将力传给支撑。由于桩基受到土体的剪切力，故建筑物底部受力较大，但结构整体稳定。建筑物桩基对周围土体有约束、加固作用，基坑邻近桩基一侧变形量较另一侧小，建筑物未出现明显的水平沉降变形。

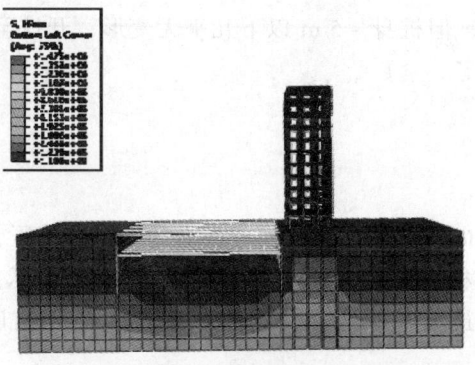

图 10.13 基坑开挖应力图

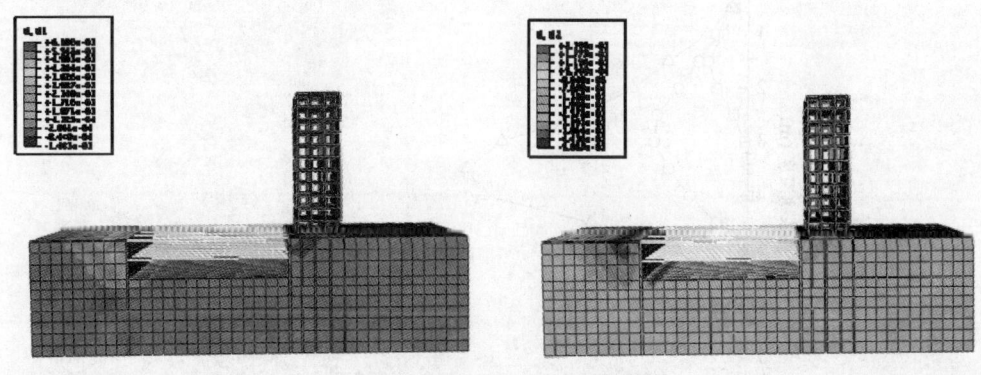

图 10.14 基坑开挖位移图

10.5.2 桩基础水平位移

基坑开挖时,基坑周围土体朝基坑方向移动,引起其邻近建筑物桩基础的水平方向位移。根据基坑分步开挖步骤,绘出其每一阶段的位移曲线,分析其变化规律。现取建筑物的 A 桩绘其位移曲线,此 A 桩位置如图 10.6 所示,位移曲线如图 10.15 所示。

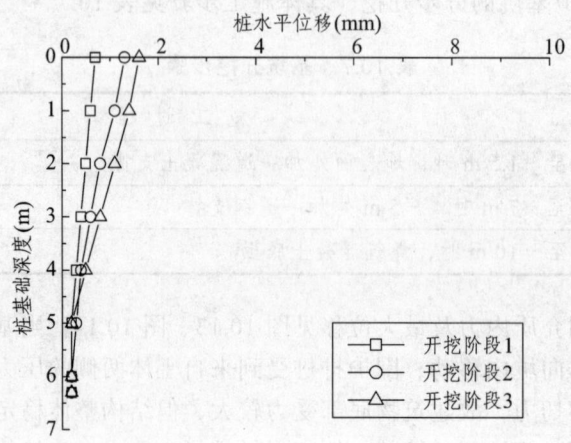

图 10.15 桩基础水平位移

开挖至 –1.5 m 时,围护上部有轻微变形,约为 0.7 mm;开挖至 –7.0 m 时,桩顶部水平位移继续增加至约 1.22 mm,但桩身 –5 m 以下几乎无变形;开挖至 –10 m 时,桩基顶端水平位移约 1.58 mm,结构稳定。

10.5.3 桩身弯矩

基坑开挖时,两侧土体向基坑方向移动,桩身受到土体的挤压,引起弯曲变形,此时桩身会产生弯矩。取建筑物 A 桩(图 10.6),绘其弯矩如图 10.16 所示。桩基内力随开挖深度增加明显增大,开挖至基底,最大弯矩约为 172 kN·m,发生在距桩底约 4 m 处,桩对周围土体有明显约束作用。

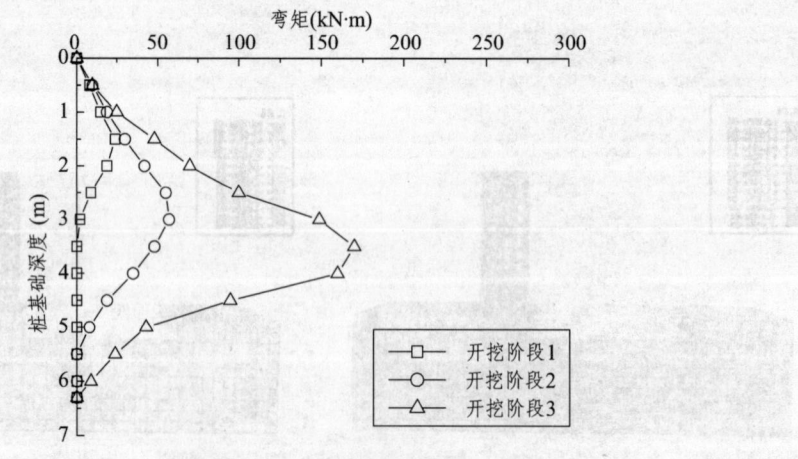

图 10.16 桩身弯矩

10.5.4 地表沉降与基础沉降

1#商业楼的基础沉降值与楼前地表沉降模拟计算结果如图10.17所示。X轴0~2.5 m处为地面，2.5~14.5 m处为建筑物垂直于基坑方向的侧边。当基坑开挖至-1.5 m时，楼前地表处稍有沉降，最大沉降量发生在距排桩约2 m处，约0.3 mm，靠近基坑最近处桩基稍有沉降，远离基坑桩基无沉降；当继续开挖至-7.0 m时，地表沉降增大，最大处在距排桩约2 m处，约0.48 mm，距排桩最远的桩基沉降为0.13 mm，此时桩基础差异沉降值约为0.3 mm，远小于限值41 mm；开挖到坑底时，基础差异沉降值仅约为0.6 mm，满足要求。因为桩基础施工时嵌入持力层，高层钢筋混凝土框架结构自重大，对基础有调节不均匀沉降的作用，故基础差异沉降量较小。

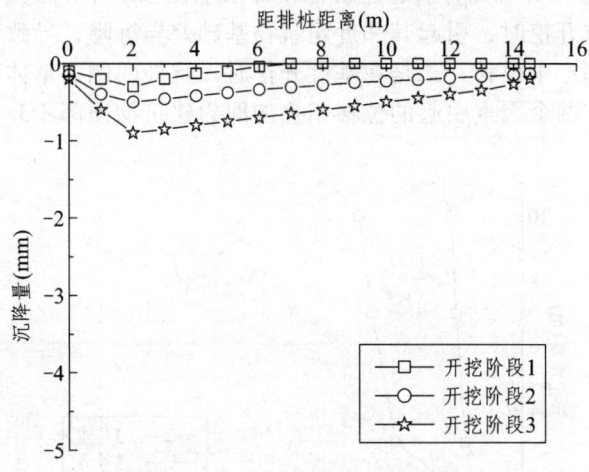

图10.17 地表沉降与基础沉降

10.5.5 围护排桩水平位移

随着基坑的分步开挖，土体卸荷，坑外侧土向坑内挤压，使围护排桩产生变形及位移。

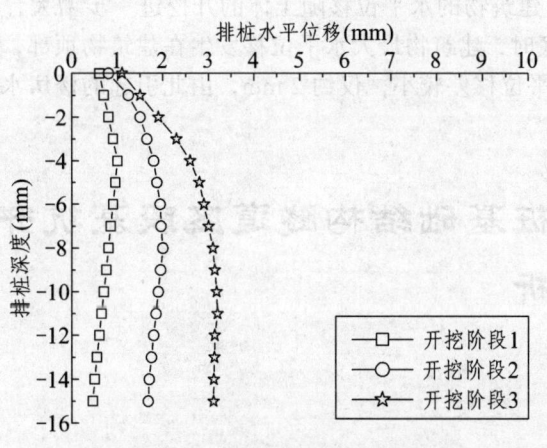

图10.18 围护排桩水平位移

取图10.6截面1—1分析，围护排桩水平位移计算结果如图10.8所示。在基坑开挖初始阶段，排桩自身位移值很小，最大位移发生在墙身4m处，变形曲线弧度不大；当开挖到-7m时，排桩位移明显增大，桩底处位移约增大两倍，最大位移发生在桩身-8m处；基坑开挖完毕，排桩水平变形增至约3mm。

10.5.6 建筑物水平位移

假定1#商业楼为刚体，不考虑其本身的挠曲变形，在基坑开挖影响下，沿基底某点产生向基坑内侧的转动，造成楼房的水平位移及倾斜。取建筑物正对基坑表面的2、3号点进行分析，位置如图10.6所示，2号点位于框架柱底部，3号点在其正上方，是建筑物屋面点。对2、3号点进行水平位移分析可知，引起建筑物顶部水平位移（即3号点水平位移）的因素主要有两种：一是在基坑开挖时，引起其邻近建筑物基础差异沉降，导致建筑物朝坑内或坑外侧倾斜，使建筑物顶部产生位移；二是在基坑开挖时，坑外两侧土整体朝坑内方向移动，带动建筑物整体的移动。两个因素引起的位移相叠加即为建筑物顶部（3号点）的水平位移，如图10.19所示。

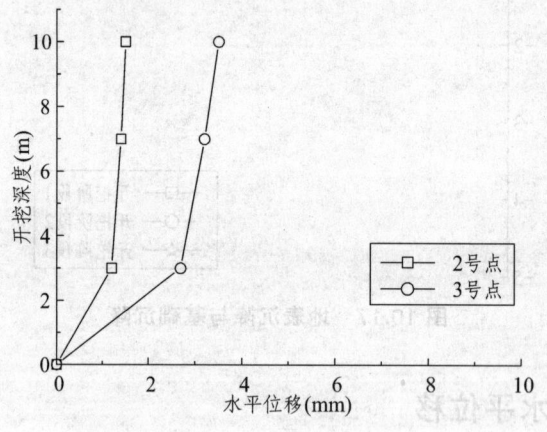

图10.19 建筑物水平位移

由图10.19可以看出，在基坑开挖至-3m时，2、3号点的水平位移均有明显增加，3号点水平位移约2.6mm；建筑物的水平位移随土体的开挖进一步增大，但增大量较平均，位移值增加较小；开挖至坑底时，建筑物最大水平位移发生在建筑物顶部，约3.52mm。楼房顶（3号点）、底（2号点）水平位移差较小，仅约2mm，由此引起的楼房水平位移可以忽略不计。

10.6 邻近浅桩基础结构隧道区段基坑开挖有限元模拟分析

10.6.1 开挖步骤

按照基坑施作过程，基坑开挖模拟工况见表10.8。

表 10.8 开 挖 步 骤

开挖步骤	施 工 过 程
1	开挖至 -1.5 m 时,地表面处加一道混凝土支撑
2	开挖至 -7 m 时,-5 m 处加一道钢支撑
3	开挖至 -9.8 m 时,浇筑混凝土底板

基坑开挖引起周围岩土介质的内力及变形见图 10.20、图 10.21。基坑开挖引起土体卸荷,围护排桩受到来自土体两侧的压力,将力传给支撑结构。当围护结构变形过大时,会引起建筑物的损伤,必要时应对邻近基坑建筑物的基础采取加固措施。

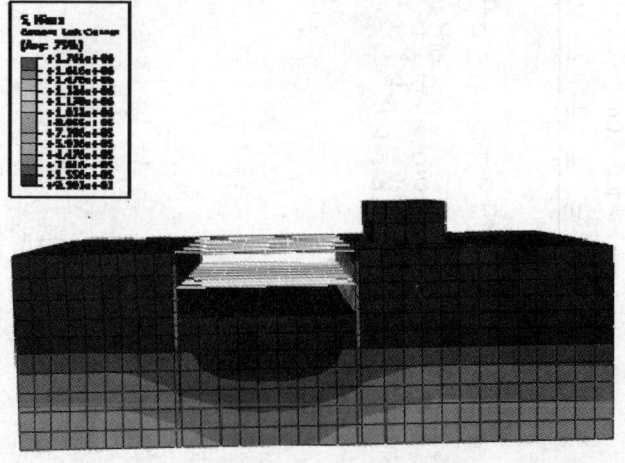

图 10.20 基坑开挖应力图

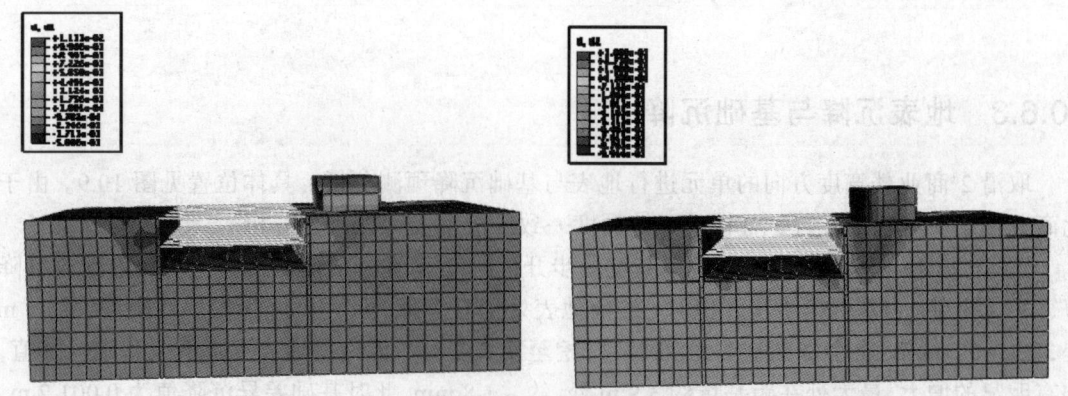

图 10.21 基坑开挖位移图

由图 10.21 可以看出,基坑施作会引起土体向基坑内侧滑移,建筑物在发生水平位移的同时,发生倾斜。由于结构整体抗剪强度较低,结构前后会出现较为明显的不均匀沉降,有开裂的风险。

10.6.2 围护排桩水平位移

取图 10.9 截面 1—1 分析,采用 ABAQUS 有限元软件模拟开挖的 3 个阶段,如图 10.22 所示。从图 10.22 可以看到,在基坑开挖初始阶段,排桩自身位移值较小,最大位移发生在排桩自身 -4 m 处,曲线变形弧度不大;当开挖到 -7 m 时,排桩自身位移继续增大,最大位移发生在排桩自身 -8 m 处;当继续开挖至坑底时,排桩水平位移继续增加,最大位移发生在桩身 -11 m 处。

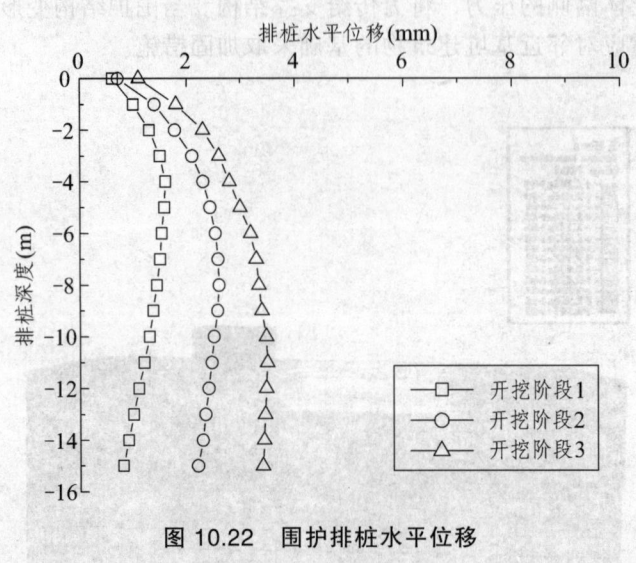

图 10.22 围护排桩水平位移

可以看出,由于将排桩视为弹性体,故在每个阶段开挖时桩身变形连续,从整个曲线来看,排桩自身变形与理论变形大体吻合,排桩自身最大水平位移发生在 -11 m 处,约 3.5 mm,排桩顶部水平位移约 1.1 mm,均小于规定限值。

10.6.3 地表沉降与基础沉降

取沿 2# 商业楼宽度方向的单元进行地表与基础沉降预测分析,具体位置见图 10.9。由于此商业楼正面与基坑平行,且楼前开挖深度一致,故取其一侧进行分析。

图 10.23 所示是 ABAQUS 模拟基坑分步开挖时 2# 商业楼的基础沉降值与楼前地表沉降值,可以看到,当基坑第 1 步开挖时,楼前地表处稍有沉降,最大沉降量发生在距基坑约 2 m 处,约 -0.5 mm,整个基础基本无沉降;开挖至第 2 步时,无论是地表沉降值或基础沉降值,均有明显的增大,最大处在距基坑约 3.9 m 处,约 -1.8 mm,此时基础差异沉降值为 0.001 2 m,远小于限值 0.048 m;开挖至最后一步时,基坑此时又向下开挖 2.8 m,沉降值仍在增加,最大沉降值在距坑 3.9 m 处,约 -2.5 mm,且基础沉降值也在均匀增加,第 3 阶段基础差异沉降值为 0.001 2 m,小于限值,满足要求。

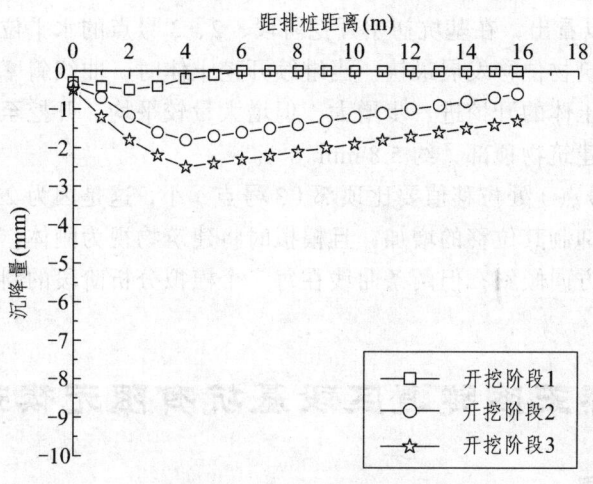

图 10.23 地表与基础沉降

由于 2#商业楼基础属于浅基础，埋深浅，虽总沉降值不大，但施工时需放慢开挖速度，并对其邻近建筑物进行实时监测；对于结构设计来说，必要时应对基础进行加固，这样可降低由于基坑底部附加应力引起的沉降。

10.6.4 建筑物水平位移

模拟前假定建筑物为刚体，不考虑其层间位移，只考虑其最大位移值。取建筑物正对基坑表面的 2、3 号点进行分析，位置如图 10.9 所示，2 号点位于框架柱底部，3 号点在其正上方，是建筑物屋面点。

用 ABAQUS 进行模拟，对 2、3 号点进行水平位移分析可知，引起建筑物顶部水平位移（即 3 号点水平位移）的因素主要有两种：一是在基坑开挖时，引起其邻近建筑物基础差异沉降，导致建筑物朝坑内或坑外侧倾斜，使建筑物顶部产生位移；二是在基坑开挖时，坑外两侧土整体朝坑内方向移动，带动建筑物整体的移动。两个因素引起的位移相叠加即为建筑物顶部（3 号点）的水平位移，如图 10.24 所示。

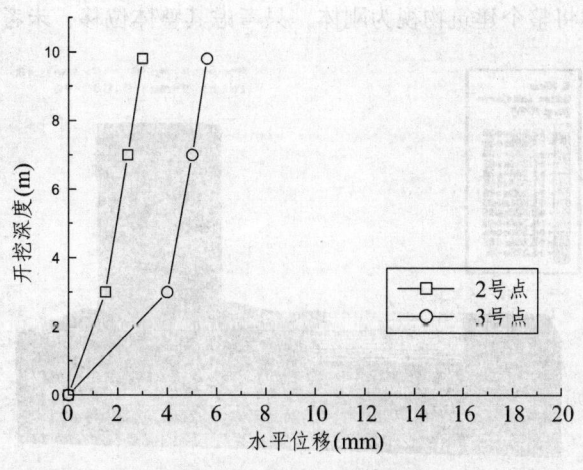

图 10.24 建筑物水平位移

从图 10.24 中可以看出，在基坑初始开挖阶段，2、3 号点的水平位移均有明显增加，且曲线斜率最大，即建筑物位移发展最快。当继续开挖土体时，曲线斜率基本保持不变，说明建筑物的水平位移随土体的开挖进一步增大，但增大量较平均。开挖至坑底时，建筑物整体最大水平位移发生在建筑物顶部，约 5.8 mm。

建筑物地面（2 号点）处位移值要比顶部（3 号点）小，这是因为 2 号点处位移受到围护结构和基础的作用，抑制其位移的增加，且模拟时将建筑物视为刚体，故顶部位移比下部位移大，楼整体向基坑方向倾斜；但两条曲线在每一个模拟分析阶段的斜率基本相同。

10.7 邻近滕王阁隧道区段基坑有限元模拟分析

10.7.1 开挖步骤

由于滕王阁主阁与其前面台阶部分基础类型与深度均不同，基坑开挖可能会引起二者的不均匀沉降。采用 ABAQUS 有限元软件模拟基坑开挖时，保持与基坑施工设计步骤相一致，这样既与实际工况吻合，当不利情况出现时，又可对可能出现裂缝的位置加以保护。按照基坑开挖及支护要求，具体施工步骤见表 10.9。

表 10.9 开 挖 步 骤

开挖步骤	施 工 过 程
1	开挖至 −1.5 m 时，地表面处加一道混凝土支撑
2	开挖至 −7 m 时，−5.5 m 处加一道钢支撑
3	开挖至 −11.4 m 时，浇筑混凝土底板

基坑开挖三维有限元应力及最大位移见图 10.25、图 10.26。从图 10.25 中可以看到，基坑开挖引起土体卸荷，围护排桩受到来自土体两侧的压力，将力传给支撑。由于桩基受到土体的剪切力，故建筑物底部受力较大，必要时应对邻近基坑建筑物的基础进行加固。

从图 10.26 中可以判断，建筑物的顶部要比底部位移大，这是由于土体对建筑物底部位移具有约束作用，且模拟时将整个建筑物视为刚体，只考虑其整体位移，未考虑其自身变形情况。

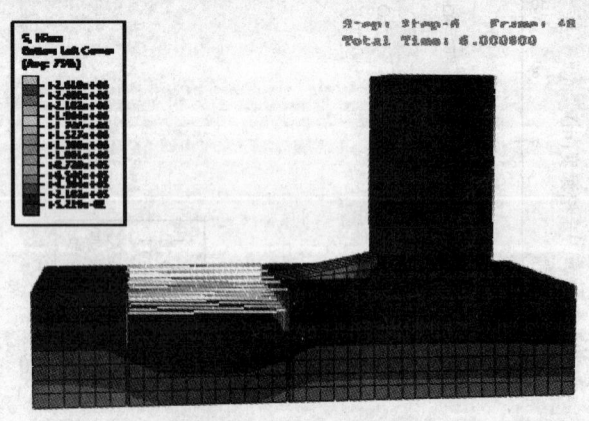

图 10.25 基坑开挖应力图

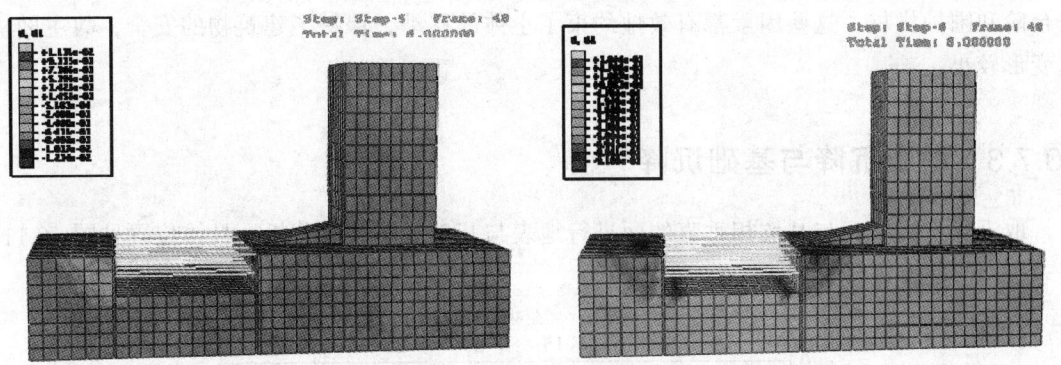

图 10.26 基坑开挖位移图

10.7.2 桩基础水平位移

由于本章主要讨论基坑开挖对建筑物的影响,滕王阁主阁前台阶部分为附属结构,因此这里仅分析桩基础的水平位移。基坑开挖时,基坑周围土体朝基坑方向移动,引起其邻近建筑物桩基础的水平方向位移,根据基坑分步开挖步骤,绘出其每一阶段的位移曲线,分析其变化规律。现取建筑物的 A 桩绘其位移曲线,此 A 桩位置如图 10.11 所示,位移曲线如图 10.27 所示。

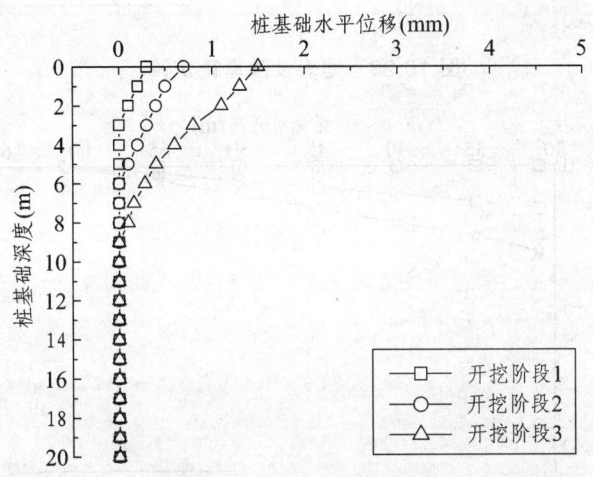

图 10.27 桩基础水平位移

图 10.27 所示为 ABAQUS 模拟基坑分步开挖时 A 桩(图 10.11)在开挖 3 个阶段下的水平位移图。可以看到,在开挖的第 1 个阶段,桩身 4 m 以下位移为 0,最大位移值在桩顶部,约为 0.35 mm;开挖至第 2 阶段时,桩顶部水平位移继续增加,桩身 6 m 以下总位移为 0,最大位移 0.74 mm,发生在桩顶部,前两个开挖阶段桩身无明显变形;开挖至最后阶段时,桩基础位移继续增大,最大位移发生在桩顶部,约 1.5 mm,桩身有变形。

可以看到,随着基坑的不断开挖,桩基础位移不断增加,顶部位移增加明显,在开挖后期桩身有稍许变形,开挖结束后桩基础最大位移发生在其顶部,约 1.5 mm。桩身在 0.6 倍桩长以下位移基本为 0。由于主阁桩基长 20 m,开挖深度约为桩基长度的一半,其前方有花岗岩台阶和围护排桩，这些因素都有效地约束了土体的移动，保护了建筑物的安全，故主阁桩基变形较小。

10.7.3 地表沉降与基础沉降

取沿滕王阁主阁与基坑相垂直的面进行地表与基础沉降预测分析，具体位置见图10.11，地表沉降与基础沉降见图10.28、图10.29。

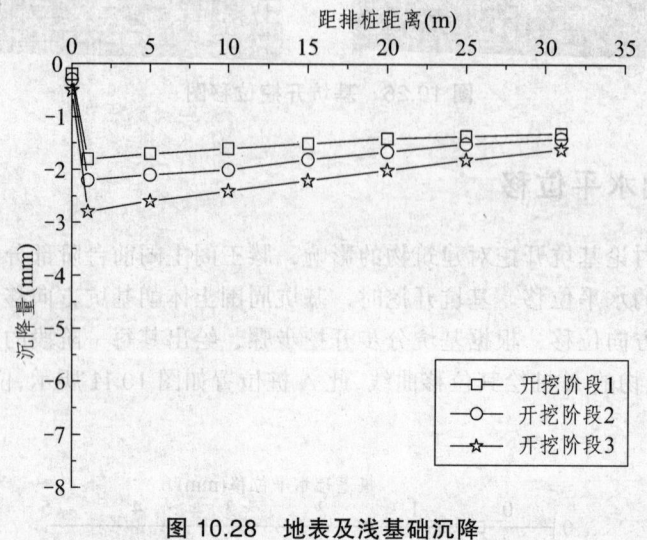

图 10.28　地表及浅基础沉降

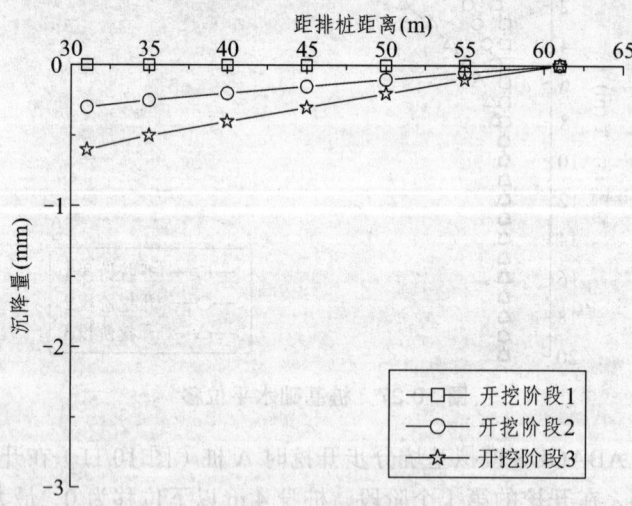

图 10.29　主阁沉降

图10.28所示是ABAQUS模拟基坑分步开挖时台阶条形基础沉降值与楼前地表沉降值，其中X轴$0 \sim 1$ m处为地表，$1 \sim 31$ m处为台阶基础。可以看到，当基坑第1步开挖时，最大沉降量发生在距排桩约0.8 m处，约-1.8 mm；当继续开挖至基底时，地表处沉降继续增加，位移最大处发生在距排桩-0.8 m处，约-2.8 mm。条形基础在基坑开挖过程中均匀沉降，最大差异沉降量为1.2 mm。

图 10.29 中 X 轴 31～61 m 处为滕王阁主阁沉降,可以看到,当基坑第 1 步开挖时,主阁沉降量为 0;当继续开挖至基底时,主阁最大沉降发生在距排桩 31 m 处,约 -0.63 mm。主阁在基坑开挖过程中均匀沉降,最大差异沉降量为 0.3 mm。

在开挖过程中,条形基础距基坑边缘很近,沉降量大于主阁的沉降量,由于主阁为桩基础形式,深度 20 m,为开挖深度的 2 倍,且距基坑较远,故在基坑开挖过程中,对条形基础影响较大,对远离基坑的桩基础无影响。

10.7.4　围护排桩水平位移

取图 10.11 截面 1—1 分析,采用 ABAQUS 有限元软件模拟基坑开挖 3 个阶段,如图 10.30 所示,从图 10.30 可以看到,在基坑开挖初始阶段,排桩自身位移值很小,最大位移发生在桩身约 -4 m 处,变形曲线弧度不大;当开挖到 -7 m 时,桩身位移继续增大,最大位移发生在桩身 -8 m 处,排桩顶部位移很小;当继续开挖至坑底时,由于条形基础对土体位移约束小,故排桩变形继续增大。

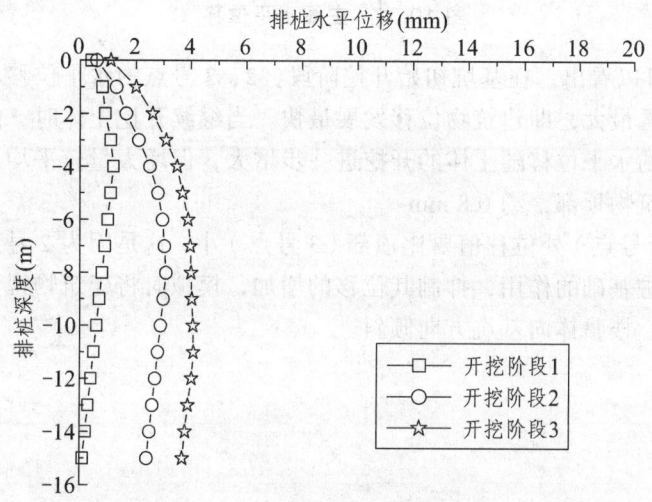

图 10.30　围护排桩水平位移

从整个曲线来看,墙身变形与理论变形基本吻合,可以看到,排桩最大位移不是发生在顶部,而是发生在每个开挖阶段的开挖面以下,整个变形曲线呈"弓"形。

10.7.5　建筑物水平位移

模拟前假定建筑物为刚体,不考虑其层间位移,只考虑其最大位移值。取建筑物正对基坑表面的 2、3 号点进行分析,位置如图 10.11 所示,2 号点位于桩基础顶部,3 号点在其正上方。用 ABAQUS 进行模拟,对 2、3 号点进行水平位移分析可知,引起建筑物顶部水平位移(即 3 号点水平位移)的因素主要有两种:一是在基坑开挖时,引起其邻近建筑物基础差异沉降,导致建筑物朝坑内或坑外侧倾斜,使建筑物顶部产生位移;二是在基坑开挖时,坑外两侧土整体朝坑内方向移动，带动建筑物整体的移动。两个因素引起的位移相叠加即为建筑物顶部（3号点）的水平位移，如图10.31所示。

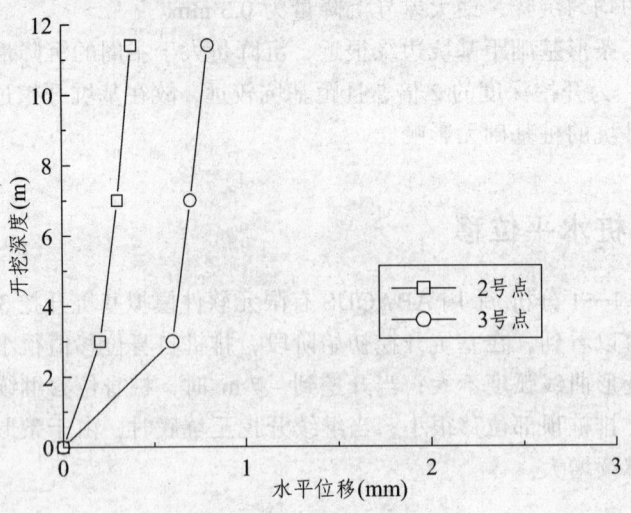

图10.31 主阁水平位移

从图10.31中可以看出，在基坑初始开挖阶段，2、3号点的水平位移均有明显增加，且曲线斜率在整体来看最大，即建筑物位移发展最快。当继续开挖土体时，曲线斜率基本保持不变，说明建筑物的水平位移随土体的开挖进一步增大，但增大量较平均，整个建筑物最大水平位移发生在建筑物顶部，约0.8 mm。

建筑物地面（2号点）处位移值要比顶部（3号点）小，这是因为2号点处位移受到围护结构、条形基础及桩基础的作用，抑制其位移的增加，模拟时将建筑物视为刚体，所以顶部位移比下部位移大，楼整体向基坑方向倾斜。

第 11 章 数值模拟与工程实测结果对比分析

11.1 引 言

依据工程实况，基于 ABAQUS 有限元软件模拟基坑的开挖，将预测值与真实测量结果曲线拟合，分析围护排桩水平位移、基础差异沉降及建筑物水平位移在开挖时的变化规律。

11.2 邻近桩基础结构隧道区段基坑变形特性

11.2.1 地表及桩基础沉降

由于建筑物一侧面被杂物遮挡，基础沉降测点布置于建筑物的另一侧，如图 11.1 所示，其中 B 为 AC 的中点。

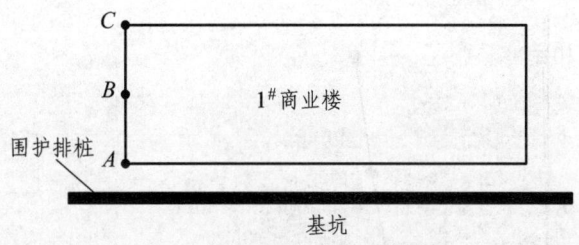

图 11.1 测点平面布置图

图 11.2 表示开挖到坑底后地表面与基础沉降的对比，X 轴 0～2.5 m 表示地表面，2.5～14.5 m 为建筑物侧边 AC。从图 11.2 中可以看到，实测曲线与模拟曲线大体趋势基本一致，对于实测曲线，楼前地表沉降最大处发生在距排桩 2 m 处，最大沉降值为 0.6 mm，桩基础基本无变化。0～2.5 m 处实测值突变较大是由于建筑物前端距基坑很近，仅 2.5 m，施工堆载及人流车辆对楼前地面沉降造成一定的影响，故地表处曲线呈突变状，桩基础底部嵌入持力层内，基坑开挖对其沉降影响较小。

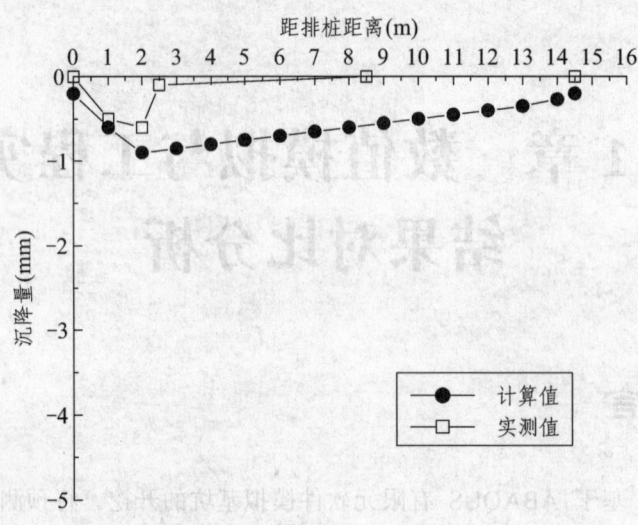

图 11.2 地表与建筑物沉降

11.2.2 建筑物顶部水平位移

图 11.3 所示为 1#商业楼顶部在基坑开挖每个阶段的水平位移值,从图中可以看到,建筑物在实际测量中,其顶部基本无位移。1#商业楼为 11 层框架结构,框架梁、柱间位移具有一定调节作用,且施工情况复杂,施工期间非梅雨季节,降水量少,这也是一个重要因素。所以实测值会比计算值小,出现这种情况也是基于安全的。实测时层间最大位移角小于 1/550,满足要求;在开挖过程中,墙身未出现裂缝。

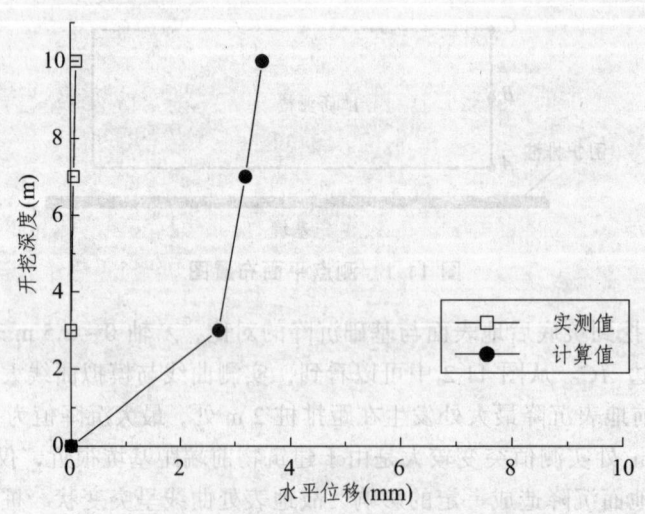

图 11.3 建筑物顶部水平位移

11.2.3 围护排桩水平位移

图 10.4 所示为基坑开挖的 3 个阶段实测值与计算值的曲线对比。从图中可以看到,整个开挖过程中曲线连续光滑,第 1 阶段排桩水平位移较小,最大位移值发生在桩身 –5 m 处,大小为 1.43 mm,桩身稍有变形;第 2 阶段排桩中部水平位移继续增加,但桩顶、底部位移增加量较小,最大位移发生在桩身 –6 m 处,桩身变形比第 1 阶段大些;开挖至最后阶段,虽支撑均已架设完毕,但从实测图中可以看到,此阶段桩身位移和变形继续增加,最大位移值发生在桩身 –9 m 处,约 6.2 mm。

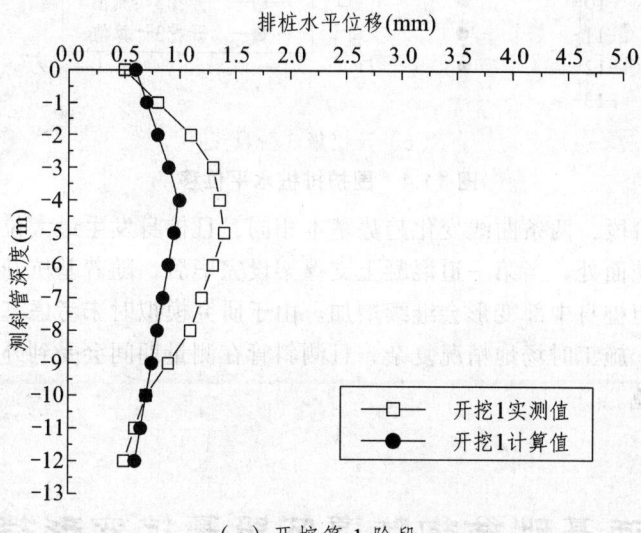

(a) 开挖第 1 阶段

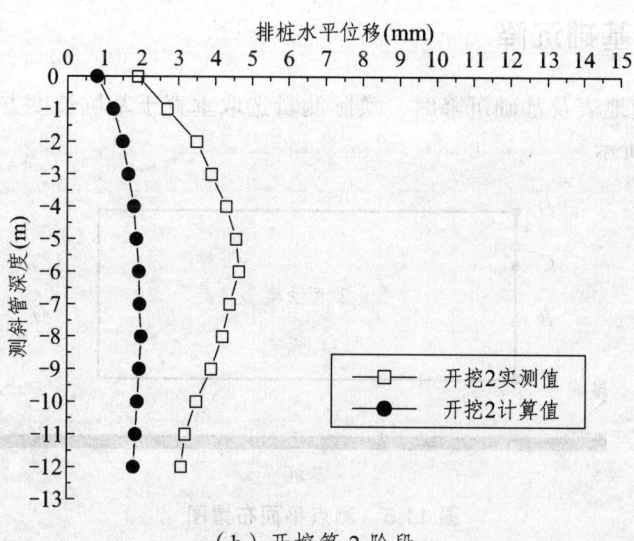

(b) 开挖第 2 阶段

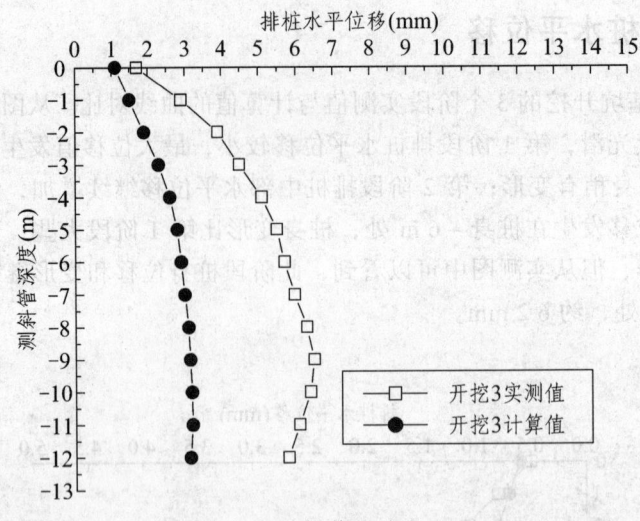

（c）开挖第 3 阶段

图 11.4 围护排桩水平位移

在开挖的每个阶段，两条曲线变化趋势基本相同，且桩身发生最大位移处基本一致，均发生在基坑每个开挖面处。当第一道混凝土支撑架设完毕后，随着基坑开挖深度的增加，桩顶部位移变化小，但桩身中部变形会继续增加。由于研究模拟时未考虑基坑在开挖过程中的降水、渗流等情况，施工时场地情况复杂，且测斜管在测量期间会受到外力振动，所以导致一定的偏差在所难免。

11.3 邻近浅基础结构隧道区段基坑变形特性

11.3.1 地表及基础沉降

2#商业楼在测量地表及基础沉降时，实际测量选取垂直于基坑长度方向的楼侧面，测点平面布置如图 11.5 所示。

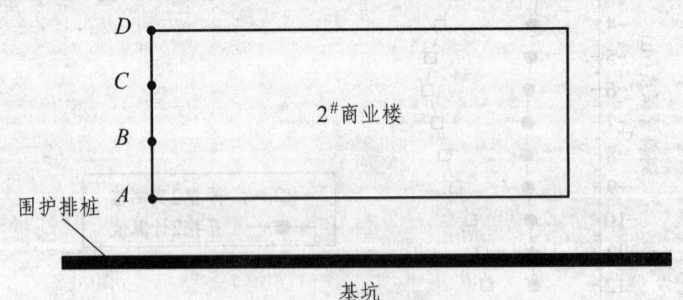

图 11.5 测点平面布置图

图 11.6 表示开挖到坑底后地表面与基础沉降的对比，X 轴 0~3.8 m 表示地表面，3.8~15.8 m 为建筑物侧边 AD。对于实测曲线，3.8~7.8 m 处沉降量较大，最大沉降发生在 A 点

处，约 8 mm，这是由于 $2^{\#}$ 建筑物前部有 3 m 宽的无基础扩建部分；最小沉降发生在距基坑最远的 D 处，为 3 mm，最大沉降发生在距基坑边缘约 2 m 处。

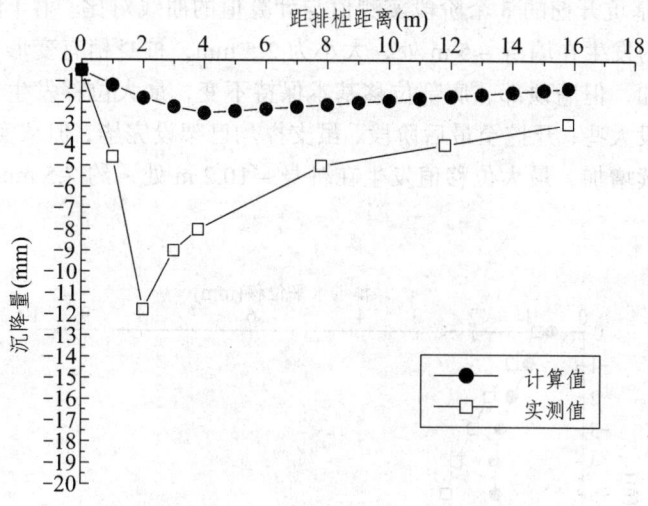

图 11.6　地表及建筑物沉降量

从图 11.6 中可以看到，地面部分的计算值与实测值变化很大，突变最大处均在距基坑约 2 m 处，这是由于基坑开挖对周围土体有扰动，施工堆载、人流及车辆对楼前地面沉降造成一定的影响，比基础沉降大也属正常情况。

11.3.2　建筑物顶部水平位移

图 11.7 所示为 $2^{\#}$ 商业楼顶部在基坑开挖 3 个阶段的水平位移值。从图中可以看到，两条曲线趋势大致相同，对于实测曲线，开挖的第 1 阶段建筑物顶部水平位移增长较快，后两个阶段变化较第一阶段速率慢。由于 $2^{\#}$ 商业楼基础埋深较浅，距基坑仅 3.8 m，且楼靠近基坑一面为后期扩建的无基础部分，在监测期间对楼墙身裂缝进行观察，在开挖过程中墙体出现微小裂缝，但不影响正常使用。

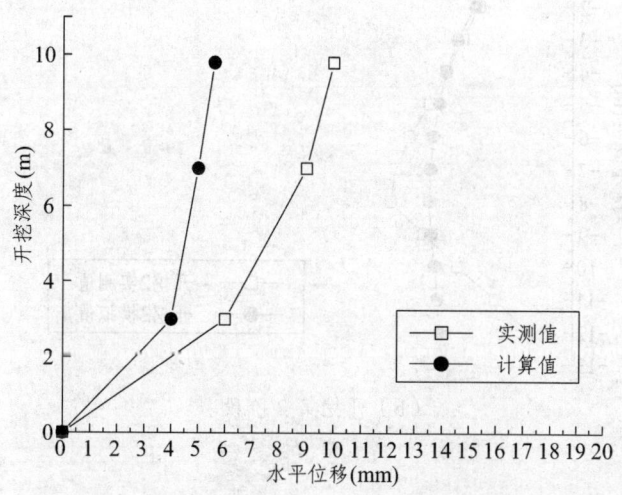

图 11.7　建筑物顶部水平位移

11.3.3 围护排桩水平位移

图 11.8 所示为基坑开挖的 3 个阶段实测值与计算值的曲线对比。第 1 阶段排桩水平位移较小，最大位移值约发生在墙身 –5 m 处，大小为 2.5 mm，桩身稍有变形；第 2 阶段排桩中部水平位移继续增加，但墙顶部、底部位移基本保持不变，最大位移发生在墙身 –8 m 处，桩身变形比第 1 阶段大些；开挖至最后阶段，虽支撑均已架设完毕，但从实测图中可以看到，此阶段桩身位移继续增加，最大位移值发生在桩身 –10.2 m 处，约 7.5 mm。

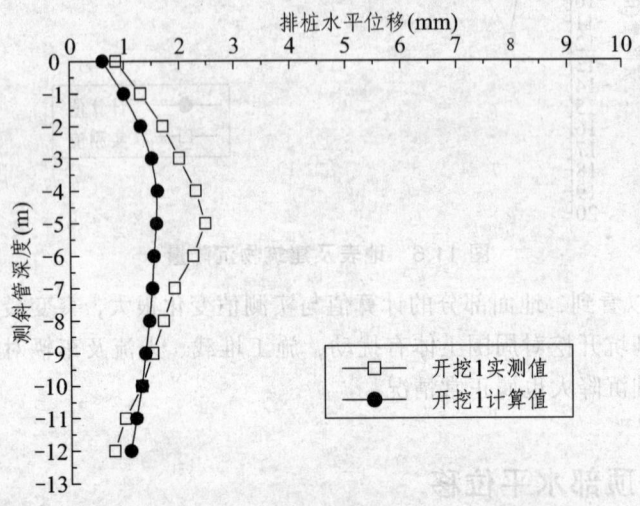

（a）开挖第 1 阶段

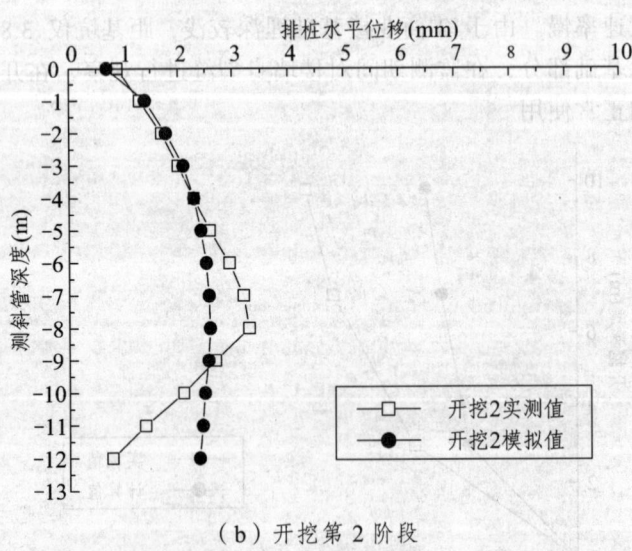

（b）开挖第 2 阶段

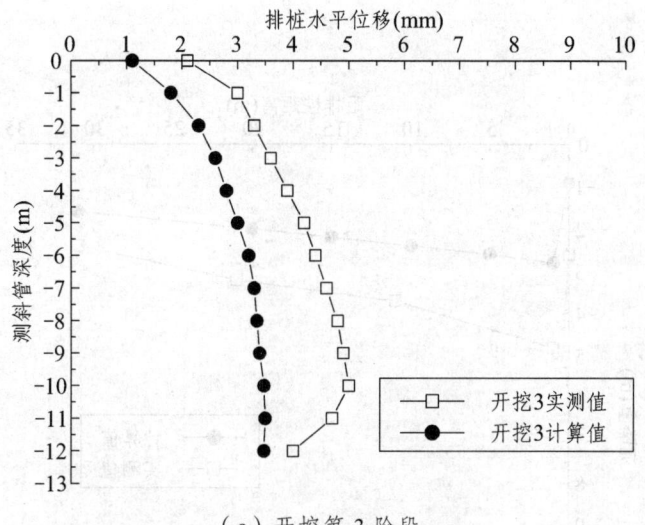

（c）开挖第 3 阶段

图 11.8 围护排桩水平位移

在开挖的每个阶段，模拟曲线与实测曲线变化趋势基本相同，且桩身发生最大变形处基本一致。当第一道混凝土支撑架设完毕后，随着基坑开挖深度的增加，桩顶部位移基本无变化，但桩身中部变形会继续增加。由于研究模拟时未考虑基坑在开挖过程中的降水、渗流等情况，施工时场地情况复杂，且测斜管在测量期间会受到外力振动，所以导致一定的偏差在所难免。

11.4 邻近滕王阁隧道区段基坑变形特性

由于滕王阁属于旅游景区，为施工前重点保护的建筑物，加之施工时游客不断，且此开挖段宽度、深度最大，所以在基坑开挖时比其他的开挖段缓慢，围护排桩最长，并需实时对主阁和台阶进行顶部及底部的测量。

11.4.1 地表及基础沉降

在实际测量时，由于滕王阁主阁与其前台阶部分基础形式不一，两基础紧靠，但不相接触，它们的侧面不在一条平面上，在测量地表及基础沉降时，实际均选取垂直于基坑长度方向的侧面进行测量，测点平面布置如图 11.9 所示。

图 11.10、图 11.11 所示分别为基坑开挖完成后台阶前地表部分、浅基础及主阁沉降量，X 轴 $0\sim1$ m 为台阶部分距基坑地表处，$1\sim31$ m 为台阶条形基础位置，$31\sim61$ m 为滕王阁主阁位置。

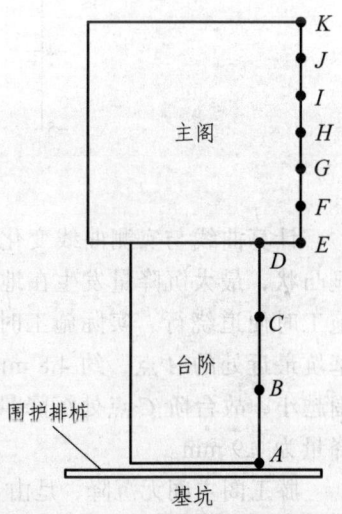

图 11.9 测点平面示意图

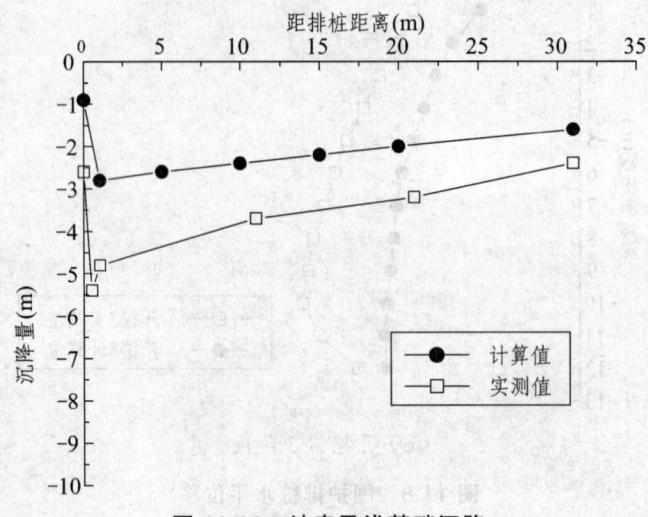

图 11.10 地表及浅基础沉降

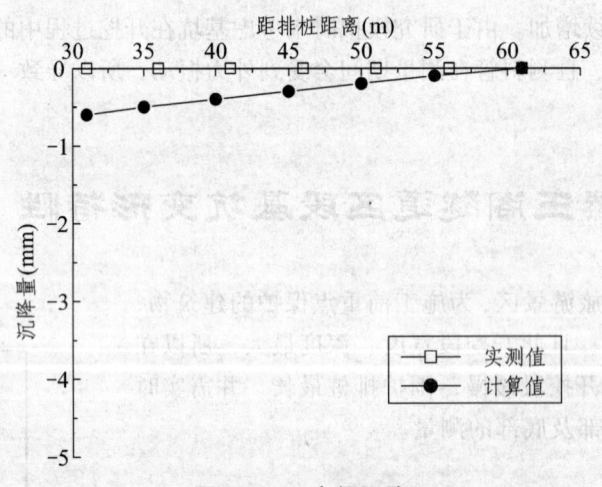

图 11.11 主阁沉降

计算曲线与实测曲线变化趋势相同。从图 11.10 可以看到，地面沉降量较大，曲线呈明显凸状，最大沉降量发生在地面中间位置，沉降约为 5.4 mm。因台阶前方距基坑仅 1 m，施工时便道绕行，实际施工时对此处地面造成的影响不大。台阶沉降量最大位置发生在距基坑最近处的 A 点，约 4.8 mm，基坑开挖对其周围土体有影响。随着距离的增加，影响范围越小，故台阶 C 点处沉降量最小，为 2.9 mm。台阶整个沉降曲线均匀连续，最大差异沉降量为 1.9 mm。

滕王阁主阁无沉降，是由于其基础形式为桩基础，深度为 20 m，嵌固在持力层上，且距基坑较远。施工期间降雨量少，在开挖过程中，台阶处出现约 10 mm 的裂缝，如图 11.12 所示；主阁墙体未出现裂缝等情况。

图 11.12　台阶错缝

11.4.2　主阁顶部水平位移

图 11.13 所示是滕王阁主阁顶部水平位移曲线。从图中可以看到，开挖的 3 个阶段，实测曲线基本呈直线形，说明在基坑开挖过程中，滕王阁主阁顶部无位移。计算值与实测值稍有差异，是由于受到实际土体参数与模拟时土体参数的差异、地下水以及施工的复杂性等情况的影响，出现这种情况也是基于安全的。实测时层间最大位移角小于 1/550，满足要求；在开挖过程中主阁墙体未出现裂缝情况。

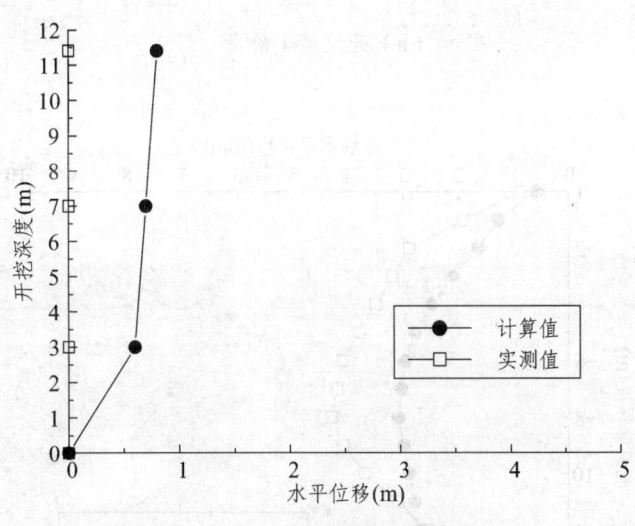

图 11.13　主阁顶部水平位移

11.4.3　围护排桩水平位移

图 11.14 所示为基坑开挖的 3 个阶段实测值与计算值的曲线对比。第 1 阶段排桩水平位

移较小，最大位移值约发生在桩身 -5 m 处，大小为 3.4 mm，桩身稍有变形；第 2 阶段排桩中部水平位移继续增加，但排桩顶部、底部位移基本保持不变，最大位移发生在桩身 -8 m 处，桩身变形比第 1 阶段大些；开挖至最后阶段，虽支撑均已架设完毕，但从实测曲线中可以看到，桩身 0~-7 m 基本无位移和变形，桩身 -7~-14 m 位移继续增加，最大位移值发生在桩身 -12 m 处，约 6.9 mm。

在开挖的每个阶段，模拟曲线与实测曲线变化趋势基本相同，且桩身发生最大变形处基本一致。当第一道混凝土支撑架设完毕后，随着基坑开挖深度的增加，桩顶部位移基本无变化，但桩身中下部变形会继续增加。从整体来看，桩体位移最大处总是在开挖面以下。

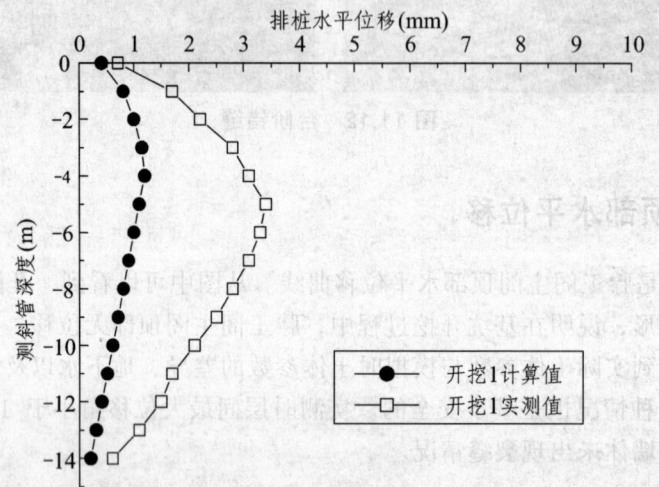

（a）开挖第 1 阶段

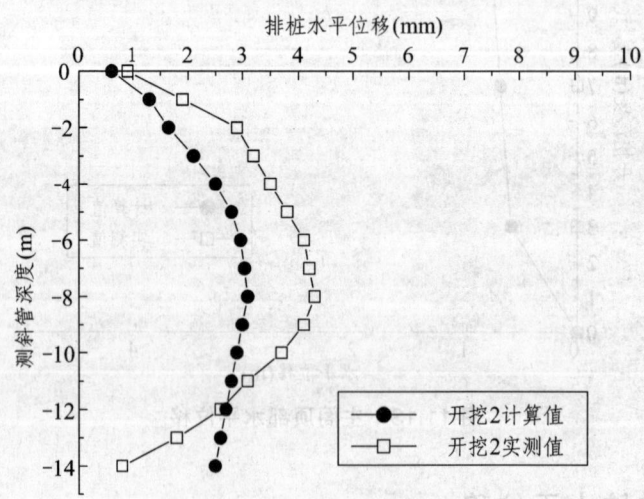

（b）开挖第 2 阶段

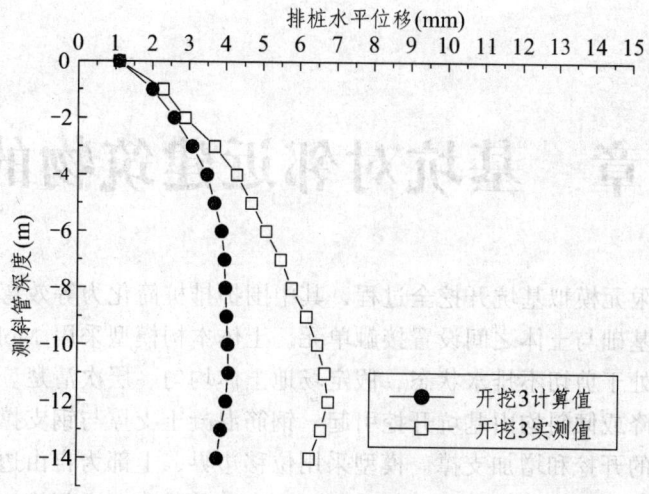

（c）开挖第 3 阶段

图 11.14　围护排桩水平位移

第 12 章 基坑对邻近建筑物的影响

  本专题采用有限元模拟基坑开挖全过程，其中围护排桩简化为等效弯矩的地下连续墙，围护排桩与土体、基础与土体之间设置接触单元。土体本构模型采用 Mohr-Coulomb 塑性模型，地基在开挖中处于剪切不排水状态，假定场地土体均匀、层次清楚。计算时不考虑楼房的自身变形，其沉降或倾斜均由基坑开挖引起。钢筋混凝土支撑与钢支撑采用梁单元，采用生死单元模拟基坑的开挖和增加支撑。模型采用位移边界，上部为自由边界，不设置约束，左右两侧采用 X 方向位移约束，前后两侧采用 Z 方向位移约束，底部施加 X、Y、Z 三个方向的位移约束。模拟很好地预测了建筑物的水平位移、沉降以及地表沉降、围护排桩水平位移及排桩自身变形情况，与工程实际测量结果进行曲线拟合对比，变形规律基本相似。

  在基坑开挖过程中，围护排桩受到坑外侧土的挤压，位移及变形朝着坑内方向移动。当施加混凝土支撑时，围护排桩顶部水平位移受到限制，随着基坑开挖深度的加大，顶部水平位移基本不变，但排桩桩身中部变形加大，桩身最大变形发生在每个开挖阶段的开挖面以下。随着钢支撑的增加，墙身支撑点位移并没有像桩顶部一样保持基本不变，而是墙身变形继续增加。

  建筑物距基坑的近端沉降量要比远端大，且随着基坑的开挖均匀沉降。由于工程在施工期间降雨量少，赣江水位低，且桩基础较深，底部嵌固在持力层上，故在邻近桩基础处开挖土体时其沉降较小，几乎为零，但基坑开挖对于邻近的浅基础影响较大（如 2#建筑物的条形基础、滕王阁台阶部分的条形基础）。随着土体卸荷，桩基础建筑物（1#建筑物、滕王阁主阁）位移基本为零，浅基础建筑物、构筑物（滕王阁台阶部分）整体朝基坑一侧倾斜。建筑物顶部位移要比底部位移大，这是因为底部位移受到围护结构和基础的作用，抑制其位移的增加，虽楼层间梁柱有一定的调节作用，但顶部位移还是要大于底部位移。

参考文献

[1] 刘国彬，王卫东. 基坑工程手册[M]. 北京：中国建筑工业出版社，2009.
[2] 南昌城市规划设计研究总院. 沿江中、北大道连通工程设计[R]. 南昌：2010-07.
[3] 上海城建集团. 沿江中、北大道连通工程施工组织设计[R]. 南昌：2010-09.
[4] 南昌市政公用集团工程项目管理分公司. 南昌市沿江中、北大道连通工程可行性研究报告[R]. 南昌：2010-03.
[5] 江西华大工程质量检测有限公司. 南昌市沿江中、北大道连通工程围护结构及土体变形监测总结报告[R]. 南昌：2011-06.
[6] 林宗元. 岩土工程试验监测手册[M]. 北京：中国建筑工业出版社，2005
[7] 林鸣，徐伟. 深基坑工程信息化施工技术[M]. 北京：中国建筑工业出版社，2006.
[8] 刘宗仁. 基坑工程[M]. 哈尔滨：哈尔滨工业大学出版社，2008.
[9] 胡明亮，等. 基坑支护工程设计施工实例图集[M]. 北京：中国建筑工业出版社，2008.
[10] 龚晓南. 基坑工程实例2[M]. 北京：中国建筑工业出版社，2008.
[11] 王卫东，王建华. 深基坑支护结构与主体结构：相结合的设计、分析与实例[M]. 北京：中国建筑工业出版社，2007.
[12] 姜晨光. 基坑工程理论与实践[M]. 北京：化学工业出版社，2009.
[13] 王曙光. 深基坑支护事故处理经验录[M]. 北京：机械工业出版社，2005.
[14] 吴林高. 工程降水设计施工与基坑渗流理论[M]. 北京：人民交通出版社，2003.
[15] 谢和平，周宏伟. 岩土介质渗流物理的现代研究方法[J]. 世界采矿快报，1997，13（19）：3-4.
[16] Zienkiewicz O C, Shio T. Dynamic Behavior of Saturated Porous Media: the Generalized Biot for Mul-action and its Numerical Solution[J]. J Num and Analy Meth in Geomech, 1984, 8: 71-96.
[17] Tsang C F. Coupled Behavior of Rock Joints. Rock joints, Edited by Barton & Stephansson, Balema, 1990: 505-518.
[18] 张有天. 岩石水力学与工程[M]. 北京：中国水利水电出版社，2005.
[19] Biot M A. General Theory of Three-dimensional Consolidation[J]. Journal of Applied Physics, 1941, 12: 155-164.
[20] Noorishad J, Wituerspoon P A. A Finite-element Method for Coupled Stress and Fluid Flow Analysis in Fractured Rock Mass[J]. International Journal of Rock Mechanics and Mining Sciences & Geomechanics Abstracts, 1982, 19（2）: 185-193.
[21] Noorishad J, Tsang C F, Witherspoon P A. Coupled Thermal-hydraulic-mechanical Phenomena in Saturated Fractured Porous rocks: Numerical Approach[J]. Journal of Geophysical Research, 1984, 89（B12）: 10365-10373.

[22] Barton N R. The Shear Strength of Rock and Rock Joints[J].International Journal of Rock Mechanics and Mining Sciences, 1976, 13: 255-276.

[23] 刘建军, 裴桂红.我国渗流力学发展现状及展望[J]. 武汉工业学院学报, 2002(3): 99-103.

[24] 李新军. 武汉长江一级阶地地铁深基坑渗流应力耦合研究[D]. 成都: 西南交通大学, 2010: 6.

[25] 崔亚莉, 邵景力, 谢振华.基于 Modflow 的地面沉降模型研究[J]. 岩土力学, 2008 (5): 19-22.

[26] 谷志孟, 白世伟.洪涝灾害防御中的岩土力学问题[J]. 长江科学院院报, 2000, 17 (1): 29-31, 47.

[27] 白世伟, 谷志孟.长江中下游洪涝灾害的成因分析及防御对策[J]. 岩石力学与工程学报, 1998, 17 (6): 701-704.

[28] 雷学文, 白世伟.动力排水固结法的研究及应用概况[J]. 土工基础, 1999, 13 (4): 9-12.

[29] 雷学文, 王吉利, 白世伟.动力排水固结中孔隙水压力增长和消散规律[J]. 岩石力学与工程学报, 2001, 20 (1): 79-82.

[30] 陈晓平, 白世伟.软黏土地丛黏弹塑性比奥固结的数值分析[J]. 岩土工程学报, 2001, 23 (4): 481-484.

[31] 陈晓平, 白世伟.软土蠕变-固结特性及计算模型研究[J]. 岩石力学与工程学报, 2003, 22 (5): 728-734.

[32] 罗晓辉, 白世伟.弹塑性大变形 Biot 固结理论的参变量变分原理[J]. 岩石力学与工程学报, 2003, 22 (10): 1716-1721.

[33] 罗晓辉, 白世伟, 万凯军.尾矿坝渗透静力稳定分析[J]. 岩土力学, 2004, 25 (4): 560-564, 569.

[34] 韩云乔, 郑必勇.深基坑支护结构失效原因分析[J]. 建筑技术, 1993, 20 (3): 145-148.

[35] 余志成, 施文华.深基坑支护设计与施工[M]. 北京: 中国建筑工业出版社, 1997: 286-298.

[36] 唐业清, 李启民, 崔江余, 等.基坑工程事故分析与处理[M]. 北京: 中国建筑工业出版社, 1999.

[37] 骆祖江, 刘昌军, 等.深基坑降水疏干过程中三维渗流场数值模拟研究[J]. 水文地质工程地质, 2005, 32 (5): 48-53.

[38] 刘红岩, 戎涛.采用止水挡墙的基坑渗流场模拟[J]. 水力水运工程学报, 2008, 2: 84-88.

[39] 王国光, 严平, 龚晓楠.采取止水措施的基坑渗流场研究[J]. 工业建筑, 2001, 31 (4): 43-45.

[40] 唐翠萍, 许烨霜, 等.基坑开挖中地下水抽取对周围环境的影响分析[J]. 地下空间与工程学报, 2005.

[41] 罗晓辉.基坑开挖渗流数值分析[J]. 土工基础, 1997, 11 (3): 18-21.

[42] 罗晓辉.深基坑开挖渗流与应力耦合分析[J]. 工程勘察, 1996 (6): 18-21.

[43] 徐耀德, 童利红.利用 Modflow 预测某基坑降水引起的地面沉降[J]. 水文地质工程地质, 2004, 31 (6): 96-98.

[44] 张莲花, 孔德坊.沉降变形控制的基坑降水最优化方法及应用[J]. 岩土工程学报, 2005, 27 (10): 1172-1174.

[45] 李玉歧,周健,谢康和.渗流作用对基坑坑底回弹变形的影响[J].岩土力学,2005,26(11):1749-1752.

[46] 李玉歧,谢康和.考虑渗流作用的基坑围护结构稳定性分析[J].科技通报,2005,21(4):440-444.

[47] 许胜,王媛.深基坑渗流对周边环境影响数值模拟研究[J].路基工程,2009,3:58-59.

[48] 孙志,周援衡,孔伟,等.地下连续墙条件下基坑渗流场和应力场模拟分析[J].水运工程,2009,11:23-28.

[49] 吴建林,龚静,邹祖绪.渗流作用对基坑支护结构稳定性的影响分析[J].武汉工业学院,2009,28(3):90-93.

[50] 陈志国.地下水渗流对地铁车站基坑稳定性影响[J].西部探矿工程,2011,4:10-14.

[51] 缪俊发,崔永高,陆建生.基坑工程疏干降水效果分析与评判方法[J].地下空间与工程学报,2011,7(5).

[52] 丁春林,张小伟,等.基坑降水对土侧压力系数的影响[J].同济大学学报:自然科学版,2011,39(5).

[53] 郑刚,魏少伟.坑内降水基坑底不同位置土体变形形状的室内试验研究[J].岩土工程学报,2011,33(2).

[54] 吴怀娜,许烨霜,沈水龙.软土地区基坑降水对下方越江隧道的影响[J].上海交通大学学报,2012,46(1).

[55] 娄荣祥,周念清,赵娜.上海地铁11号线徐家汇站深基坑降水数值模拟[J].地下空间与工程学报,2011,7(5).

[56] 程芸,冯晓腊,万里波.深基坑降水流固耦合数值模拟及敏感性分析[J].地下空间与工程学报,2011,7(6).

[57] 张楠.深基坑水文地质参数的确定及降水设计[J].地下空间与工程学报,2011,7(2).

[58] 唐业清.深基坑工程事故的预防与处理[J].施工技术,1997,18(l):4-5.

[59] 戴韶生,刘志明.城市杂填土土工特性的研究及常用地基处理方法[J].探矿工程,2002.

[60] 刘建航,侯学渊.基坑工程手册[M].北京:中国建筑工业出版社,1997.

[61] 龚维明,童小东,等.地下结构工程[M].南京:东南大学出版社,2004.

[62] 万顺,莫海鸿.深基坑开挖对邻近建筑物影响数值分析[J].合肥工业大学学报,2009.

[63] 吴楷.紧邻历史保护建筑的深基坑施工[J].上海建设科技,2010.

[64] 高大钊,孙均.深基坑工程[M].北京:机械工业出版社,1999.

[65] 孙钧.市区基坑开挖施工的环境土工问题[J].地下空间,1999.

[66] 郑刚.软土地区深基坑工程存在的变形与稳定问题及其控制[J].施工技术,2011.

[67] 周景星,李广新,等.基础工程[M].2版.北京:清华大学出版社,2007.

[68] 陈福全,杨敏.地面堆载作用下邻近桩基性状的数值分析[J].岩土工程学报,2005.

[69] 龚晓南.关于基坑工程的几点思考[J].土木工程学报,2005.

[70] 刘国栋,王安华.邻近基坑的建筑物下土体的破坏模拟分析研究[J].建筑科学,2008.

[71] 陈远洲.深基坑支护计算方法在广州地铁中的应用[J].城市轨道交通,2010.

[72] 张宇,王德松.深基坑开挖对周边建筑物的影响和治理方案[J].施工经验,2006.

[73] 陈辉.简析深基坑监测方案[J].施工技术,2009.

[74] 住房与城乡建设部. GB 50007—2002 建筑地基基础设计规范[S]. 北京：中国标准出版社，2002.

[75] 吴野. 基坑工程支护设计、施工与监测技术的研究[D]. 包头：内蒙古科技大学资源与环境工程，2007.

[76] 陈建国，胡文发. 深基坑支护技术的现状及其应用前景[J]. 城市道桥与防洪，2011.

[77] Terzaghi K, Peck R B. Soil Mechanics in Engineering Practice [M]. New York： John Wiley&Sons, 1948.

[78] Peck R B. Deep Excavation and Tunneling in Soft Ground[C]. Proceedings of the 7th International Conference on Soil Mechanics and Foundation Engineering. State-of-the Art Reports, 1966, 3：225-290.

[79] Clough G W, Duncan J M. Finite Element Analyses of Retaining Wall Behavior[J]. Soil Mech Found Div, ASCE 1971, 97（12）：1657-1673.

[80] Wong I H. Analysis of Braced Excavation[D]. Massachusetts: Cambridge, Massachusetts Institute of Technology，1971.

[81] Christian J T, Wong I H. Errors in Simulating Excavation in Elastic media by Finite Elements[J]. Soils and Foundations, 1973, 13（1）：1-10.

[82] Clough G W，Weber P R, Lamont J. Design and Observation of Tied-back Wall. Proceedings of ASCE Special Conference on Performance of Earth-Supported Strut, 1972，1：1367-1390.

[83] 刘建航. 基坑工程时空效应理论与实践[R]. 上海市科委课题报告，1997.

[84] 姜朋明，蒋志勇. 饱和软土地区深基坑变形时间效应的研究[J]. 华东船舶工业学院学报，1998，12（3）：100-106.

[85] 吴兴龙，朱碧堂. 深基坑开挖坑周土体变形时空效应初探[J]. 土工基础，1999，13（3）：5-8.

[86] 应宏伟，谢康和，等. 软粘土深基坑开挖时间效应的有限元分析[J]. 计算力学学报，2000, 17（3）：349-354.

[87] 刘国彬，侯学渊，黄院雄. 基坑工程发展的现状与趋势[J]. 地下空间，1998.

[88] 张向东，陈洪伟，李牧. 基坑开挖对邻近建筑物影响的数值模拟[J]. 博士论坛，2011.

[89] 陈观胜，严洪龙，陈昌平. 深基坑开挖对周围建筑物的保护[J]. 城市道桥与防洪，2003（2）.

[90] H G Poulos, L T Chen. Pile Response due to Excavation-induced Lateral Soil Movement [J]. Journal of Geotechnical and Geoenvironment Engineering，ASCE, 1997：94-99.

[91] 李自林，汪涛. 地铁车站基坑开挖引起的建筑物沉降研究[J]. 河北工业大学学报，2011.

[92] 曾远，李志高，王毅斌. 基坑开挖对邻近地铁车站影响因素研究[J]. 地下空间与工程学报，2005.

[93] 蒋利明，周晓军. 基坑开挖对邻近地铁隧道的影响研究[J]. 路基工程，2010.

[94] 刘智成，赵洋. 基坑开挖对邻桩影响分析[J]. 公路交通科技，2010.

[95] 陈福全. 基坑开挖时邻近桩基性状的数值分析[J]. 岩土工程，2008.

[96] 杨敏，周洪波. 基坑开挖与邻近桩基相互作用分析[J]. 土木工程学报，2005.

[97] 李琳，杨敏. 软土地区深基坑变形特性分析[J]. 土木工程学报，2007.

[98] 薛莲，刘新荣. 深基坑开挖对邻近建筑物的影响研究[J]. 地下空间与工程学报，2008.

[99] 毛朝辉,刘国斌. 基坑开挖对下方近距离隧道的保护[J]. 浙江工业大学学报,2005.

[100] 马晓文. 基坑开挖土体卸载特性研究进展[J]. 岩土工程学报,2011.

[101] 金国龙,王勇. 人工挖孔桩施工对紧邻基坑围护结构的影响[J]. 上海交通大学学报,2012.

[102] 谢鸿帅. 深基坑开挖对邻近地铁车站基坑影响的有限元计算分析[J]. 上海地质,2009.

[103] 王全凤. 深基坑开挖全过程的数值模拟及工程实践[J]. 计算力学学报,2011.

[104] 李四维. 深基坑开挖现场监测与数值模拟分析[J]. 岩土工程学报,2011.

[105] 赵延林,张春玉. 深基坑开挖对周边地表沉降变形的影响[J]. 黑龙江科技学院学报,2009.

[106] Youssef M A Hashash, Andrew J Whittle. Ground Movement Prediction for Deep Excavation in Soft Clay. Journal of Geotechnical Engineering, 1996, 122: 474-486.

[107] 赵海燕,黄金枝. 深基坑支护结构变形的三维有限元分析与模拟[J]. 上海交通大学学报, 2001, 35(4): 456-460.

[108] Abdulaziz I, Mana G, Wayne Clough. Prediction of Movement for Braced Cuts in Clay. ASCE, 1981, 107（6）.

[109] 刘国彬. 基坑坑底施工阶段围护墙变形监测分析[J]. 岩石力学与工程学报,2007.

[110] 胡长明. 某地铁明挖基坑事故原因分析及处理方法[J]. 施工技术,2009.

[111] 李守德,张晓海. 基坑开挖工程管涌发生过程的模拟[J]. 工程勘察,2003.

[112] 章欣. 深基坑降水技术浅析[J]. 岩土工程学报,2010.

[113] 毛昶熙. 管涌与滤层的研究：管涌部分[J]. 岩土力学,2005.

[114] 张建勋,陈福全,简洪任. 被动桩中土拱效应问题的数值分析[J]. 岩土力学,2004,25（2）: 174-185.

[115] 袁聚云,叶朝汉,赵锡宏. 考虑土体各向异性的深基坑开挖有限元法分析[J]. 地下空间与工程学报,2006,2（3）: 407-417.

[116] 宋二祥,王连启,池跃君. 某基坑开挖对邻近高层建筑的影响分析与决策[J]. 工程勘察, 2001（4）: 28-31.

[117] GB 50497—2009 建筑基坑工程监测技术规范[S]. 北京：中国建筑工业出版社,2009.

[118] GB 50202—2002 建筑地基基础工程施工质量验收规范[S]. 北京：中国建筑工业出版社,2002.